在场与立场

于幸泽　俞泳　著

德国装置艺术巡回工作坊

U0286475

中国建筑工业出版社

序
preface

当下，艺术表现形式的边界呈现模糊与消失的状态，装置艺术作为一种当代艺术的重要表现方式，以其独特的直觉性和在场性，越来越被艺术家与大众所接受，同时也成为建筑师阐述建筑态度和文化诉求的重要途径。尤其场所建构、材料运用，以及观念传达的思想性特点，成为建筑院校培养学生创新能力的重要方法之一。

于幸泽老师是当代艺术的实践者和思想者，他通过装置艺术课程，将他自己对当代艺术的理解传达给我们建筑专业的学生，帮助学生建构起属于自己的、独特的观察方法，并通过装置艺术这个媒介独立地表达对社会、历史、文化等问题的判断，阐述价值观念。因此，于幸泽老师在课程中特别强调"在场（Anwesenheit）"与"立场（Standpunkt）"，这也自然成为这次"德国装置艺术工作坊"教学的重点。"在场"就是直接呈现事物本体，通过有限的空间与形态建构呈现作品的无穷性体验；而"立场"就是作者表达去除一切附加干扰的基本态度，由观众自我生成对作品的理解。这两个要点在本次"德国装置艺术工作坊"教学中得到了完美体现。

《在场与立场》一书呈现的是于幸泽、俞泳两位老师主讲，并在他们指导下的"德国装置艺术工作坊"教学内容总结、教学方法归纳以及教学成果的展示。这本书对建筑院校和艺术院校的艺术教学实践、艺术教学改革有着极其重要的意义。

同济大学建筑与城市规划学院

张建龙　教授

2016 年 3 月

目 录
Contents

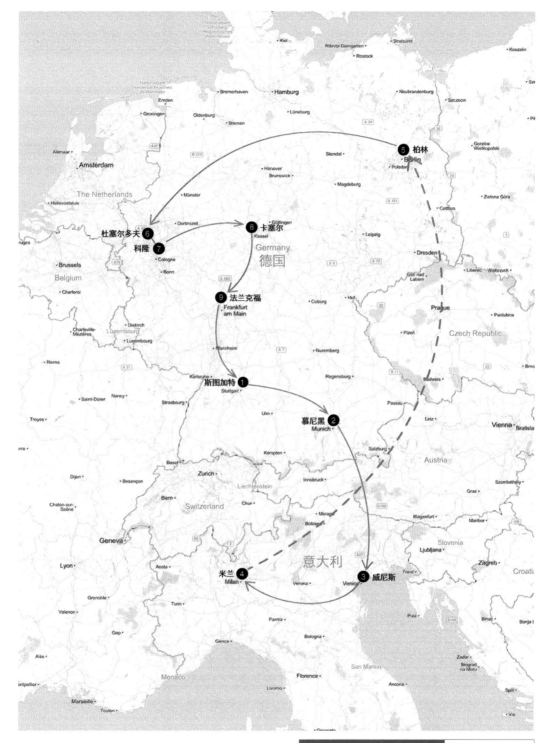

德国装置艺术巡回工作坊 | 德国行走地图

在场与立场——教学内容与方法

于幸泽

内容摘要

装置是当代艺术家对最广泛材料使用的创作手段，材料的广泛性体现在不断对材料的挖掘和选择上。伴随社会的更迭和观念的改变，后现代主义提出艺术的生活化，关注人性和社会，而艺术家作品的表现观念正是体现当下人性特征和社会原貌。

文章主要内容是对德国装置艺术工作坊的教学内容总结和教学方法归纳。其中授课内容是装置艺术作品从材料寻找到语言转化，直至作品最终呈现形态的讲解。授课方法围绕着两个教学理论核心："在场"和"立场"。其中在场，是指材料的在场性，使材料在制作到展示的全过程获得内涵，包括和德国的关联。而立场是最终作品呈现创作者的问题立场和态度，是直接导致作品的形态生成的思考路径，因此作品的立场设定，是装置作品呈现的前提条件。

关键词 装置 材料 在场 转换 立场 观念

装置艺术

"装置"是一种可以看见、可以触摸、可以感知甚至可以变化的艺术形式。它是艺术家在特定的空间环境中为表达个人的艺术观念，对物质材料实体或者精神文化概念进行有目的地加工和改造，从而形成个人对客观世界的态度。展示的物质实体反映出艺术家最终的文化立场。

装置艺术有最为丰富的表达形式，装置艺术按照呈现方法可以划分为：实物装置、影像（录像）装置、声音装置、图片装置、绘画装置、新媒体互动装置。其任何形式都是艺术家通过个人最擅长的创作手段，准确呈现所研究的问题。虽然伴随着新科技和计算机软件开发，装置艺术家在表达手段上发生了很大变化，但是他们都是在利用科技工具，更便捷和有效地展示个人的艺术观念。

装置作品的核心意义，并不是传统艺术上对美的呈现和技艺展示，是艺术家对现实世界和文化矛盾提出的问题，将个人思考的"问题"作用于材料实体展现给观众。而让观众参与思考中又扩充和延展了作品的意义，这也是装置艺术作品最终完成的重要组成内容。当代的装置艺术作品更是对社会文化与形态的反思，因此，当代装置艺术作品是将当下文化概念物质化地储存，是未来对现当下社会文化研究的佐证，这也是装置艺术另一意义的所在之处。

材料

此次去德国（意大利）考察之前，给学生们做了关于"装置艺术"的讲座，并且让他们带着任务去德国考察。所谓任务就是寻找"材料"，寻找个人最后所要呈现装置作品的材料，包括：德国的日常物质材料、德国的社会问题材料或者可供加工的德国历史文献材料等。

置身于德国，与8位学生共同参观多个城市的美术馆、当代艺术展览和当代的城市建筑，期间乘车转向意大利的"威尼斯2015年当代艺术双年展"和"米兰2015年世界博览会"。每到之处，事先让学生做好功课，对城市、展览、展示和建筑做全方位的了解，对其城市的历史文化、展览的主题内容、作品的呈现方法和建筑的创作背景做详细的介绍，这样便于他们去理解所到的陌生城市，以及熟悉所看到的展览、建筑和装置作品的呈现方式。

除参观学习外，学生的工作重点是去寻找材料或者发现问题。中途课程教授学生两种寻找材料的方法。第一：缩小对材料和问题的寻找范围，观察周边。第二：浓缩到一个词汇来概括对德国的感受，切身体会。这样经过全程的讨论与修正，最后 8 位学生确立关于个人装置作品制作的实体材料和概念材料：各色的德国啤酒－酒水，柏林墙废弃的砖－砖粉，唾弃在地上的口香糖－口香糖，柏林飘扬的彩虹旗－彩虹旗，德国的黑色巧克力－巧克力，都市里的蜜蜂－蜜蜂影像（概念），德国的工业与艺术－精神（概念）和热爱严谨的民族－秩序（概念）。

在场

德国 20 天的授课中，我们对学生的"概念方案"修正始终围绕着两个重要的内容进行。第一点："在场"，处身于德国才能感受其社会问题和文化现象，因此制作作品的实体材料或现象概念必须来源于德国社会生活。第二点："立场"，要求学生具有独特角度去发现问题，作品要反映德国的社会形态或文化现状，必须对所提出的问题抱有个人的明确态度。

"在场"在德语翻译"Anwesen"，就是显现的存在，或者显现的存在意义。更直接的解释就是真临其境，无遮蔽且敞开地直面眼前和身边的事物。在德语哲学中有一个重要的概念："在场性"（Anwesenheit），这个哲学概念影响了整个西方的当代哲学界，"在场性"在黑格尔哲学是指"绝对的理念"，在歌德的思想中是指"原现象"，到法国的笛卡尔用法语翻译为

"对象的客观性"。

让学生在理念上理解"在场"的概念，要求他们不要规避事实，鼓励他们去发现问题或者事物客观性，找出问题或者事物的原貌。

身体

一行人于 2015 年 8 月 9 日早晨 8 点钟抵达德国的法兰克福机场，办理好出关手续后，转车去此次考察的第一站斯图加特。等车之际，学生们在德国的第一顿早餐就是经典的椒盐卷饼——Prezel（德语）。在接下来的日子里，除参观和学习以外，还品尝了德国境内众多的食品：咸猪蹄、烤鸡、香肠、土耳其烤肉卷饼、意大利披萨和面条等。学生们去大学里的食堂吃午饭，甚至去典型的德国餐馆用餐，在整个行程中品尝德国各地啤酒和各色巧克力。

在德国，学生们像本地人一样生活：逛商场和超市、去菜场、去邮局、去墓地。像德国的年轻人一样去听演唱会，去酒吧，去游乐场；去大学图书馆和美术学院工作室参观。他们有时住在德国青年旅馆，有时候住在德国人家里，让学生切身体会德国人的生活状态。在各个城市内，主要的出行方式就是徒步，让学生们用身体感受天气与温度，用双脚去丈量城市与距离，只有这样才能感知这里的自然环境，才能发现社会生活中更多的人文细节，也才有机会去寻找素材和发现问题。

问题

当我们辗转在德国的斯图加特、慕尼黑、柏林、杜塞尔多夫、科隆、卡塞尔和法兰克福城市之间时，学生不断地提出各种问题，对一些社会和文化现象提出种种疑问。最后呈现了8个清晰问题。第一个问题：啤酒为什么在德国会有如此多的种类？德国人对啤酒的热爱堪比中国人对茶，茶的品种和地域有很大的关系，因此啤酒的颜色是否和地域（气候）有关系？第二个问题：为什么东、西柏林还存在明显的差距？20世纪90年代柏林墙拆除后德国统一，20年过去了，为什么东、西柏林在经济、文化和社会秩序依然存在差距？第三个问题：为什么德国的公共场所，尤其是火车站，遍地是唾弃的口香糖？如此重视环保的国家为何能容忍这样的行为？第四个问题：德国柏林号称同性恋天堂，并且今年柏林8个美术馆同时展览介绍同性恋文化，但是为什么克拉斯特大街依然彩虹旗飘扬，敬告此处是同性恋的居住地，这个国家真的消除了人们对同性恋的歧视？第五个问题：守时、严谨和秩序是德国人用于标榜日耳曼民族的优秀生活态度和工作作风，但是这样的态度和行为深入到生活各个细节，是否少些浪漫多些无聊？第六个问题：卡塞尔作为世界当代艺术界著名的文献展览城市，这里几乎没有画廊，平日里少有当代展览，作为当代艺术重镇的德国，这里的人们是否真的需要艺术？第七个问题：德国人对巧克力的钟爱达到疯狂的地步，学生在超市的购物收据中发现，七成以上的人在购物中购买巧克力。相对于遥远的东方中国，巧克力为什么是一种情义消费品，而非日常消费品？第八个问题：在德国的公共场所和户外餐厅，学生发现很多蜜蜂，经查询得知是都市里人们的新爱好，甚至政府也鼓励人们在城市养蜂，这样的行为是否干扰了其他人的正常生活？

材料

每个学生带着各自的问题开始做系列的调查和采访，收集相关资料和实物。第一个学生对啤酒颜色的兴趣浓厚，每到一处，就到超市和酒吧去体验，收集各种啤酒的品牌，查阅相关资料，对啤酒的颜色做了深入的比较和研究。第二个学生专程去到东柏林，去那里的公园、商场和餐厅，找当地人聊天，在纪念柏林墙倒塌的地方收集墙砖。第三个学生发现的环保问题正是被火车站地面粘在脚下的口香糖，他拍摄了大量照片，也采访过多个路人，调查和询问关于他所发现的这个问题。同时他在超市里买了一把铲刀，试着自己在公开的场合铲掉遗留在地面的口香糖，来警示人们要注意自己的行为。第四个学生，专程去柏林克拉斯特大街，去那里的画廊、酒吧和餐馆；到各地区参观关于同性恋的展览，并且在柏林购买了很多彩虹旗。第五个学生，她一直迷惑德国人处处严谨有序的工作作风和生活态度，设身的体验自己在德国的各种所见所闻，她带回来的是这种行为现象的记录，用这样源于德国的现象作为要表达的概念材料。第六个学生，困惑于德国的工业和艺术之间的关系，在卡塞尔、科隆等地用铲刀在一些废弃的、遭受战火的建筑石材上，将残留在石头上的灰烬刮下来，用作作品的一部分。第七个学生，在德国购买了大量的巧克力，带回中国，她准备用巧克力作为媒材，重新塑造一个新的形象。第八个学生，在德国户外用餐时被蜜蜂蜇后，蜜蜂引起她的注意，她带着自己的经历和对都市养蜂的现象，将两者结合制作成影像装置作品。

学生们身在德国，问题和材料必然都来源于德国现场。他们对发现的问题和感知到的现象，能用自己的方式进行叙述，并努力去澄清这些问题的原貌和事实。而下一步课程的难点，就是用何种展示方式呈现对问题的立场。

立场

所谓立场，对问题的看法和研究抱有态度。立场是思想行动，有两种表达初元形式：一种是自发；另一种是自觉。授课的过程中，我们先是给予学生对问题正反面两个出发点作为思考方法，使他们进入一种自发的状态，在这样的思考语境中，将自发的行为上升到自觉的情境，只有这样，对问题才能有深刻的态度，对表达事物和概念才能自由的延展。另外，立场的另一层含义就是对利益的倾向，因为是单纯的作品表达，所以在此的立场消除了对利益的束缚。我们的教学指导是把学生引向自觉，树立他们自觉的立场。

有了自觉的立场，才能有准确的方向去着手实施作品。作品实施，就是对材料和概念进行整理、加工、改造、转换和呈现。这个过程的指导核心就是对作品意义的把握，也就是怎么去准确和鲜明地表达自己的态度和立场。如果一个装置作品，其表面和材料再华美，但缺乏内涵，没有隐喻和批判，那么它只是一件装饰品。因此作品的制作和呈现都要围绕材料和概念进行，在基本材料上尽量简化其材料实体，不要出现和主题不相干的实物，只有这样才能做到概念直接。另外，材料和概念是否能巧妙地结合，还要看具体的加工制作的细节，这里所说的细节是材料加工、再造，需要对其转化时发生的工作细节进行准确把握。因此如果观念明晰，作品在制作的过程中没有转换细节，就无法呈现问题的原貌，更无法使观众感知到作品的含义。

表达

具体在作品实施阶段，我们要求学生思路开阔，对待问题有明确的指向。第一点：作品要具有批判性。不是故意寻找批判的理由，而是在发现问题和现象的时候，有个人的独到见解，避免随波逐流，去赞扬某种社会现象。如果发现特征，要努力地去追寻根源，解决问题有个人独到主张。制作作品时可采用问题本身的物质实体，充分激发材料特有的视觉特征，改变观众的惯性思维模式。观众要能在转化和创造新的实体中看到问题实体的原型，这样才能引起观众的反应，去理解作者的行为和评判的立场。因为发现问题是为了澄清问题。学生曾鹏程将从柏林带回的柏林墙砖碾成粉末，重新塑造成了一根 1m 长的隔离绳。作品寓意东西柏林依旧处于经济、文化和政策等强烈的差异中。学生何星宇将德国公共场所地上的口香糖铲起并搜集，制作了一个精美的垃圾桶，具有强烈的讽刺意味。学生曾鹏飞用 6 种颜色的便签条粘贴组合成一条巨大的彩虹旗，并将之悬挂在展厅内，在彩虹旗旁边靠墙放置 6 个小桌子，观众可以将便签条从彩虹旗上取下，在桌子上面写"关于对爱和同性恋"的看法，然后粘贴到墙上，最后墙面呈现了色彩无序的便签条，而原有的彩虹旗不复存在。作者强烈地批判代表同性恋的彩虹旗现象，意指五彩斑斓才是世界的本源。学生沈若玙将一百个水瓶里盛上水，然后计算高度，将所有的瓶子倾斜，瓶子里的水达到一样的高度，暗喻德国的处处秩序和严谨的必要性。

第二点：隐喻性。提出问题和看法，明晰个人在事件和现象中的角度位置，呈现的作品要具有事实依据，转化概念时不是直接借用材料的属性和质地，而是异化现象的载体，将个人的观念重新赋予新的材质，从而呈现一种新的形象。给作品材质一种强制的存在形态，从而折射出作者对待现象的个体反应。学生徐亮收集了 20 种不同颜色的啤酒，同时在中国也找出了 20 种不同的茶，将茶浸泡后形成了 20 种不同色彩的茶水，最后将 20 种茶水和 20 种啤酒混合摆放在一起，供观众识别。此作品嫁接了一种新的载体——中国茶，作品寓示着视觉现象的混沌感和物质表象的虚假性，同时暗示着不同文化之间的差异和界限。学生樊毅君把德国的黑色巧克力重新融化，塑造成两只手，将巧克力这种在欧洲的食用消费品，转化为情谊礼物和交易赠品，作品暗指同一物质在不同地域使用的巨大差别。学生贺艺雯用钢铁焊接成二维码，然后用德国带回的建筑石材上的灰烬，将其涂黑，观众可以在指定的位置进行真实的扫描，从而呈现德国的艺术展览的场景。此作品的钢铁和灰烬代表着德国人的精神和历史，但是内容确是强加在里面的艺术，暗示着德国人的艺术只是工业社会下刺激生活的调剂。学生李霁欣制作了影像方式来叙述自己在德国的经历,作品的名字叫"问蜜蜂",实际上是在问德国的政府,蜜蜂是否愿意在城市里生存?

小结

从发现问题,转化材料和概念,到制作成作品,教学始终围绕着"在场"和"立场"两个核心要求进行。在场,是对此行程的德国当下社会文化和现象的一次集体讨论,是有感而发的研究过程;只有处身于德国,才会对那里发生的事件有切身的感受。立场是对作品的要求,作品呈现的形态的要求,也是对在场感受的一种物质化的呈现,整个作品是一场针对德国的对话。但是对于装置艺术本身而言,其实作品的概念和意义是包罗万象的,我们划分的在场和立场,是为了聚焦他们呈现的内容和思考范围,同时也是对德国旅行以艺术作品化方式的总结。

2016 年 4 月 6 日

建筑与艺术——教学目标和意义

俞泳

内容摘要

建筑设计不仅是一项技术性活动，更是对当代社会问题的批判性思考，而后者是与当代艺术相共通的特点。同济大学建筑学教育近年来一直致力于拓展学生的当代艺术视野，以引导学生对当代艺术思想动态与形式方法的关注。本文主要内容是对德国装置艺术工作坊的教学内容目的和意义的归纳，即通过暑期德国文化、历史、民俗、社会调研，及各重要城市的博物馆、现当代美术馆参观，把对社会问题的观念以装置作品的形式加以表达。

关键词： 建筑学 艺术 装置 观念 形式

建筑师与艺术家

① （日）安藤忠雄. 安藤忠雄论建筑 [M]. 白林译. 北京: 中国建筑工业出版社，2003.

"对于建筑来说，如果问我什么是第一位的，我的回答是，具有持续不断的自由思考。年轻时与艺术家们的交往，使我坚信只有执着地深入的思考才能成为开拓未知世界的原动力。"——安藤忠雄①。

抛开建筑是否是艺术这一争议性话题，当代艺术思潮对建筑的影响却是确定无疑的。建筑由于涉及材料技术以及社会因素的限制，其思维观念往往滞后于纯艺术，当代建筑学领域的新观念很多都受益于艺术领域的启发。很多对建筑界发生过重要影响的建筑师从年轻时代就与艺术有过很深的交集，并贯穿整个职业生涯。这些建筑师要么与艺术家交往密切，要么本身就是艺术家。

现代主义建筑的代表性人物之一——勒·柯布西耶（Le Corbusier），他的思想和作品对 20 世纪建筑学产生了革命性的影响。他年轻的时候酷爱写作，加入法国国籍之时身份证上职业那一栏写的是"作家"。在作为建筑师的同时，他还是一名杰出的画家和雕塑家，一生留下了许多绘画和雕塑作品。20 世纪初，当时正是各种艺术流派兴盛之时。绘画对他来说，并不是建筑设计之余的消遣，而是与他的建筑创作共生共存，"失去它，生活便不复存在"。建筑设计的工作再忙，柯布西耶也几乎每天都要在画架前画上一上午。他上午的时间用于独处，待在他个人的工作室里画画、写作；下午的时间留给建筑，同他事务所的合作者们在一起。对他来说，只是确认建筑作为艺术之首的主导地位还不够，他希望认清其本质②。在集中反映柯布西耶个性与思想的《勒·柯布西耶书信集》中，共有 173

② （法）让·让热. 勒·柯布西耶书信集 [M]. 牛燕芳 译. 北京：中国建筑工业出版社，2008.

位收信人，其中 66 位是艺术家。这些艺术家之中，有他的亲人、老师和好友，很多都是 20 世纪初各类艺术领域的先锋人物。与这些艺术家的交往贯穿他的一生，从一个侧面反映了柯布西耶在建筑领域革新思想的发展轨迹。

而在当代，雷姆·库哈斯 (Rem Koolhaas) 以其对当代社会的敏锐观察，深刻影响和改变了建筑学和城市理论的发展方向。和大多数建筑师不同，库哈斯擅长从美学之外的角度正面看待政治和消费文化。在他看来，建筑的使命既不在历史也不在未来，而是记录当下社会的需求和可能性。这与他早年的记者生涯有很大关系。他从 19 岁开始做过 5 年《海牙邮报》的文化专栏记者，24 岁才进入英国 AA 建筑学院转行学建筑。海牙邮报文化专栏主编阿曼多（Armando）同时也是知名作家和画家，是荷兰文学流派"零运动"的代表人物，主张中立地描述已发生的事情而不是表达个人的观点。受其影响，库哈斯在报道对柯布西耶的采访时，花了大量笔墨描写由于航班延误在机场焦急等待大师到来的人群。另外，战后荷兰文学三巨头之一赫尔曼斯（Willem Frederik Hermans）、荷兰艺术家康斯坦特（Constant Nieuwenhuys）、意大利导演费里尼以及西班牙超现实主义画家达利都对库哈斯产生过重要影响。此外，库哈斯早年受到曾任阿姆斯特丹电影学院院长的父亲影响，组织过业余电影社团，以低成本和即兴工作的方式制作电影。库哈斯所倡导的取消建筑师作为形式缔造者的角色，以及反对脱离社会经济条件谈论建筑的观点，都和他在这一时期所形成的强调客观性和承认现实的态度有着直接的联系③。

另一位当代建筑师柏林犹太人纪念馆的设计者丹尼尔·李博斯金（Daniel Libeskind）一开始走的并不是建筑的路。"其实我是个音乐神童，本来应该成为音乐家的"。他擅长以手风琴弹奏巴赫或里姆斯基·柯萨科夫的钢琴曲，小提琴教父艾萨克·斯坦曾对他说："李博斯金先生，你不弹钢琴实在可惜。你穷尽了手风琴所有的可能性。"11岁时曾和年轻的小提琴家伊扎克·帕尔曼同台演出，13岁以演奏手风琴获得美国 - 以色列文化基金会的奖学金④。同时，他一度迷上了绘画，希望成为安迪·沃霍尔那样的艺术家，后来才转向建筑。谈到建筑与音乐的关系，李博斯金认为："建筑像音乐一样，是需要体验的，一般人听音乐的时候，不是在听马尾与羊肠线的摩擦而已，也不是听羊毛制的音槌敲在金属琴弦上发出的声音；他们听的是小提琴或钢琴的乐音。即使分析了和弦与声音的震动，音乐却在弦外"。李博斯金关注建筑的精神特质，"我的设计路数不怎么正统，甚至设计的过程也有些莫名其妙。有时，我的想法是被一音乐曲、一首诗，或者只是被

③ 1960年代与1970年代的库哈斯（1），朱亦民，世界建筑 2005/07

④（美）丹尼尔·李布斯金.破土：生活与建筑的冒险 [M].吴家恒 译.北京：清华大学出版社，2008

光线落在一面墙的方式所启发。"

日本建筑师安藤忠雄，在二十岁左右的年轻时代，与一些前卫艺术家进行了至深的交往，从他们那里得到了很多启示。"年轻时与艺术家们的交往，使我坚信只有执着地深入思考才能成为开拓未知世界的原动力"。 在安藤忠雄的自述中，杜尚（Marcel Duchanp）的装置艺术、波洛克（Jackson Pollock）的抽象表现主义绘画、伊萨姆·诺古奇（Isamu Noguchi）的抽象石材雕塑对材料自然之美的处理、约瑟夫·阿尔巴斯（Josef Albers）的纯几何知觉空间、皮拉内西（Giovanni Battista Piranesi）的幻想性迷路空间，以及日本本土的吉原治良领导的具象美术协会，都对安藤忠雄的建筑空间、光线以及表达自然与人的材料运用方式产生过深刻的影响 。

而在20世纪众多艺术家之中，德国装置艺术家约瑟夫·博伊斯（Joseph Beuys）多次出现在一些著名建筑师的自述中。对德国新表现主义有过很大启发的博伊斯，以及他所代表的20世纪60、70年代的观念艺术，旨在探索艺术更多样的可能性。二战以后的欧洲，艺术界进行了许多大胆的突破和试验，艺术不再局限于"绘画"或"雕塑"，无数其他材料、方法或生活用品都可以成为艺术，出现了波普艺术、观念艺术、极少主义艺术、贫穷艺术、事件艺术等诸多流派。

瑞士建筑师彼得·卒姆托（Peter Zumthor）则这样提到博伊斯对他的影响："对我而言，约瑟夫·博伊斯和贫困艺术的一些艺术家的作品是有启发性的。他们细腻而又感性的用材方式让我印象深刻，就如同远古时期人们对用材的最初理解一般，同时也展现出这些材料在一切文化意义之外的真谛。"⑤而因"建筑表皮"而闻名的两位建筑师赫尔佐格与德梅隆（Herzog&de Meuron），"吸取了博伊斯多变的创作思路、手法以及观察世界的方法，但有意识地抛弃了博伊斯作品中对于隐喻和象征的意义追求。"⑥谈到建筑与艺术的关系时，赫尔佐格说："比起建筑我们更喜欢艺术，比起建筑师的方式我们更喜欢艺术家的方式……我个人被服装和纺织品所深深吸引。我母亲是一个裁缝，身边总是围绕着纺织品原料，我就被它们所吸引……探索时尚、音乐、尤其是艺术工作，给了我们建筑领域之外的时代的感觉……如果你做建筑而不潜心于你的时代，时代的音乐、时代的艺术、时代的时尚，就不能运用属于时代的语言。"⑦

建筑学中的艺术教育

十多年前，包括同济大学在内的全国许多建筑院系取消了高考加试美术的惯例，表面看来，这似乎给人以

⑤（瑞士）彼得·卒姆托.思考建筑 [M].张宇 译.北京：中国建筑工业出版社，2010.
⑥赫尔佐格和德梅隆的作品与思想 [M].北京：中国电力出版社，2005.
⑦与赫尔佐格对话 [M].南萧亭 译，Jeffrey Kipnis，EL Croquis60+84.

建筑与艺术分道扬镳的错觉。但实际上，这一举措并非降低了建筑学教育对艺术的要求，而只是取消了以传统再现性素描为主体的单一艺术表达方式，代之以更为宽泛的多种表达方式和更为宽广的当代艺术教学。在同济大学，当代艺术理论和实践的教学已经成为建筑、规划、景观各专业本科生入门基础课程的重要组成部分。

对于多数经历高考而升入大学的学生而言，多年来专注于考试所需的功课，艺术教育是相对薄弱的。同时，习惯于寻找标准答案的思维模式，也可能成为培养创新思维的障碍。因为所谓创新思维，恰恰需要在已有答案之外，探索新的可能性。

具体而言，在艺术理念上，从"再现"转向"表现"，即，不在于以精湛的技艺再现唯一性的客观世界，而在于表现每个人对于同一客观世界的不同认识；在表现方式上，从传统素描水彩拓展为多种材料艺术造型训练，包括陶艺、琉璃、版画、砖雕、木雕、纸雕、编织、剪纸、装置等；在教学组织上，从艺术与设计各自为政转向艺术教师与建筑设计教师多层次互动教学；在课程设置上，设计基础课程中增加了当代艺术前沿环节，邀请电影、文学、哲学、戏剧、舞蹈、音乐等领域的校内外专家学者开设系列讲座。上述举措，旨在引导学生关注当代艺术观念与手段的发展动态，培养独立思考的创新思维模式。

2015 年暑假，同济大学建筑与城市规划学院在选修二年级"艺术造型工作坊——装置艺术"课程的建筑学本科生中选拔了 8 名优秀学生，由一名艺术教师和一名建筑教师组成教学团队，赴德国进行为期三周的装置艺术巡回工作坊。期间历经斯图加特、慕尼黑、柏林、杜塞尔多夫、科隆、卡塞尔、法兰克福等德国重要的当代艺术城市。在为期三周的旅程中，师生共同对德国文化、历史、民俗、社会冲突类型进行调研，并参观各城市的博物馆、现当代美术馆及艺术家工作室。在这一环节的教学中，要求学生充分把握表现材料与表现主题的对应衔接，把观念的表现方式与丰富多样的当代艺术形式相结合；而教师更多地侧重与学生的交流，通过对解读社会、发现问题、表达观念和创作技法的讲评，使教学从艺术表现手法和艺术创作方法这两部分循序渐进地展开深入。学生在旅程中形成一系列装置作品的构思手稿和研究文章，并在回国的后续教学中完成作品的设计与制作。所有学生作品，与其他两组赴欧洲进行艺术教学的学生作品一道，于2016 年 3 月～5 月在上海规划展示馆向全社会展出。

这一活动，是近年来同济大学建筑与城市规划学院海外艺术实践教学的一部分。由艺术教师和建筑教师共同带领学生组成教学团队，每年利用暑期时间赴国外进行艺术教学和创作活动，开创了国内建筑学院艺术教育的先河。艺术创造的灵感源于对生活的热爱与对社会问题的敏锐观察，在艺术形态创作过程中去感知、发现、挖掘并表现具有智慧和精神意味的艺术形态。学生的创造力、想象力、审美判断力、艺术表现力等在这一教学环节中得到综合体现，获得了丰硕的教学成果和良好的社会反响。

作品概念及形成

曾鹏程作品：消失的线

在从柏林机场到旅店的途中，我惊讶地发现柏林市里有两套交通信号灯。靠近我们旅店的地方，交通信号灯不再是普通的红绿小人，而变成了戴帽子的小男孩，当时觉得这些信号灯特别萌，还以为是哪家公司赞助了市政工程，所以把他们的标志放在了交通信号灯上。然而仔细一查才知道，这戴帽子的小男孩是原来东柏林交通系统使用的信号灯，在东西德统一后，部分东柏林人有怀旧情结，要求保留原先的信号灯，从而导致了柏林市里两种信号灯并存的现象，信号灯成为"东、西柏林"界限的标志之一。

除了信号灯，我们更为熟知的东、西柏林的界限便是柏林墙。部分保留的柏林墙片段和柏林市政府在原先柏林墙的位置上铺设的两道小方砖，共同向人们展示了原东、西柏林的分界线。柏林墙分隔东、西柏林将近 30 年（1961-1990），被拆除也已有 25 年，这道有形的界限早已被打破，而东、西柏林的界限是否仍存在？带着这个疑问，我探访了原东柏林片区。

在卡尔·马克思大街及周边住区、小巷体验了一番，直观感受是东柏林原先建筑、街道的尺度和规模与西柏林大不相同。东柏林建筑的体量都特别大，街道也

① ②

③

④

1– 交通信号灯

2– 候车站

3– 餐厅交流

4– 涂鸦墙

特别宽阔，然而行人却非常少，卡尔·马克思大街作为一条主街，人气竟不如西柏林一条支路。到东柏林后，还有一个直观感受是朋克群体非常多，街头的小广告贴满了电话亭、站台、路灯，随处可见市政施工现场，那种整齐的秩序感相比西柏林要弱很多。

然而这些都只是历史遗留因素导致的一些差异，两德统一后，德国政府为了平衡东、西柏林的发展，投入了很多精力建设东柏林，大力扶持这里的基础设施建设，这种社会差异正在逐渐减小。但在社会的发展中，东西柏林人民的利益损失并未均衡，从而引发了一些新的矛盾。柏林墙这道有形的"线"消失了，但社会发展中不可避免的利益冲突又在曾经分裂的区域间筑起了一道新的界限。

德国政府对相对落后的东柏林地区的发展有一定的政策倾斜，而建设所需的财政来源主要是西柏林的税收。在国家追求公共利益均衡的过程中，西柏林人民的局部利益受到了损失，这必然导致了一些不满。政府也意识到了这个问题，便提出了征收"团结税"，以图在东、西柏林利益间找到一个平衡点。然而事与愿违，由于西柏林居民的人均收入普遍比东柏林高，人口也比原民主德国多，团结税的重头又落在了西柏林人民肩上，西柏林人民在追求社会均衡的发展中承担了更多负担。

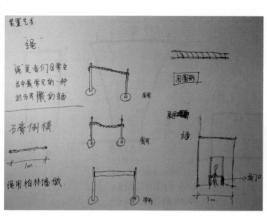

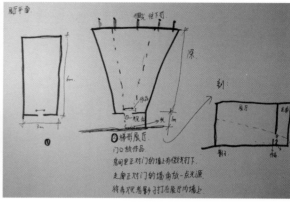

1、2— 设计草图

3— 制作过程——材料准备

4— 制作过程——调制配比

5— 制作过程——浇筑模型

6— 制作过程——加入柏林墙粉末

7— 制作过程——冷却成型

8— 制作过程——制作成"绳"

① ②

③ ④

⑤ ⑥

⑦ ⑧

展览 – 展示现场

那东柏林人民呢？在这样的政策下他们受到更多的好处，理应是心满意足，然而事实也并非如此。一些东柏林人认为之前政府承诺的东、西柏林要均衡发展并未成为现实，东柏林还是比西柏林落后，埋怨政府做的还不够；一些东柏林人则认为政府做的太过，认为在这个过程中政府让西柏林承担了更多的负担，这不是均衡发展，这样让他们在心理上觉得自己不如西柏林；还有一些东德人则怀念原先的社会福利和保障政策，认为统一后的政策不如之前好。

柏林墙倒塌后，政府在努力消除两边的界限，但利益冲突的存在不可避免地阻碍着界限的消除。政府是站在公共利益的角度去颁布政策，追求社会的发展，但发展必然存在利弊，只要局部利益与公共利益、个体利益与个体利益间存在冲突，界限就不会消除。

我认为社会经济的发展必然也会产生一些副作用。西柏林因为相对发达，房屋租金等都比东柏林高，许多创作型艺术家便从西柏林迁入了东柏林，若有朝一日东柏林也像西柏林那样租金昂贵的话，这些创作型艺术家可能也会离开东柏林。就像上海的田子坊，本来是创作型艺术家的聚集地，但随着经济的飞速发展，租金也飞涨，艺术创作的氛围被冲淡，创作型艺术家不得不搬出这片区域，田子坊变成了艺术品交易的场所。所以虽然东柏林的经济相对落后，它在这种差异中还是得到了一些其他宝贵的东西。

我认为社会的发展中没有绝对的公平，在追求东、西柏林均衡发展的问题上，不可能做到同时满足两边人的要求，这样的界限也不会消除。但在公共利益与局部利益的权衡中，偏重公共利益则更有利于削弱不同团体间的界限。倘若德国政府在处理东、西柏林发展的问题中不偏重相对弱的一方，那只能导致强者越来越富，弱者越来越穷，差距越来越大，两方群体间的界限也便会越来越突出。

1- 展览——展示效果
2- 展览——作品细节

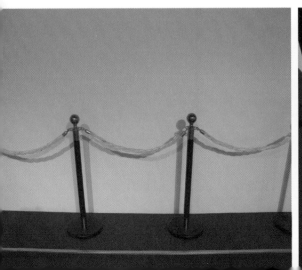

何星宇作品：黑色口香糖

拖着行李箱，行走在斯图加特火车站前的广场上，脚底忽然传来一阵黏稠感——低头看的瞬间，我忽然意识到地上密密麻麻大大小小的黑色圆斑，既不是沥青也不是什么特殊的地砖图案，它们和我脚下这块恶心肮脏的粘块是同一种东西——口香糖。在之后的旅途中——慕尼黑、柏林、杜塞尔多夫、卡塞尔、科隆，火车站、地铁站、住宅区、公园，不分地点，不分场合，总是能看到这些圆斑的顽固的身影，散布在德国的每一个角落。

由于现代口香糖的主要成分是一种代替树胶的合成树脂加上各种香料和甜味剂制成的，在自然条件下降解需要很长的时间，四处散布的香口胶对城市环境产生了极大的负面影响，而要将其清除则要付出巨大的代价。在爱尔兰 2003 年一份关于垃圾的报道中透露，该国每年清除垃圾的费用达 7000 万欧元，其中用于清除口香糖占了 30%。鉴于口香糖对环境巨大的破坏力，对此许多国家都或多或少设定了一定的政策和惩罚制度。其中以新加坡的口香糖禁令最为著名，走私口香糖将面临监禁，即使是在 2004 禁令解除以后，乱吐口香糖者仍会面临穿上印有"我是垃圾虫"字样的黄色马甲

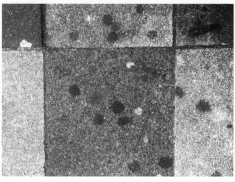

①

② ③

④

1– 杜塞尔多夫最繁华的步行街上口香糖的印记密如繁星

2– 行人一不小心就会成为新鲜的口香糖的牺牲品

3– 火车站的口香糖密度尤其骇人

4– 口香糖印记

清扫大街一天的惩罚。英国则规定，乱吐口香糖将面临高达 50 英镑的罚款。而在爱尔兰，政府在颁布的新法令中规定了嚼口香糖者将缴纳 10% 的口香糖税，每年缴纳口香糖的税收将达 400 万～ 500 万欧元。然而，在德国，似乎并没有任何针对和控制口香糖的法律。

德国人一直以其严谨的作风为人所称道，在环境问题上，更是一直被奉为欧洲环保节约大国。德国自 1991 年起，开始建立家庭废弃物回收制度，有着一套严格的垃圾分类回收标准，所有的垃圾被分成五大类：有机垃圾、轻型包装、纸制品、玻璃制品和其他生活垃圾，每种垃圾都有其对应的垃圾袋和垃圾桶，分类回收制度的内容详细，考虑周全：饮料瓶的瓶身瓶盖材质分类不同时必须分开回收；而为了避免回收玻璃产生的噪音扰民，玻璃制品的回收点更是被特别设置在了离居民楼一定距离的其他地方。违反这一分类制度的后果将异常严重，在两次警告无果后，相关的公司将有权停止对整个社区的垃圾回收服务。德国同时也是欧洲唯一一个实行塑料瓶回收押金制度的国家，用于加快对塑料瓶的回收周转，减少重新生产从而达到低碳环保的目的。——然而正是在这样的德国，所有的严谨、规范、秩序，在小小的口香糖面前，似乎都瞬间变得无力了，实在是让人匪夷所思。

为了寻求答案，笔者在德国街头进行了走访调查。调

研的样本涵盖了各个年龄段、德国本地居民和外地游
客等各类人群，针对口香糖设置了以下几个主要问题：

1. 请问您是否曾经留意到了遍布地上的黑色斑点，并
且是否知道那是什么？

2. 据你所知，德国是否有任何针对口香糖的法律？

3. 您是否亲眼看见他人往地上吐口香糖？乱吐口香糖
的通常以哪些人居多？（年龄段、本地或外地游客）

1、2– 对于口香糖
问题民众愤慨却又
无可奈何
3、4– 口香糖俯拾
皆是，遍布城市的
大街小巷

调研的结果令人吃惊。针对第一个问题，笔者发现竟然有半数的受访者从未留意到地上的圆形黑斑，更不知其本体为口香糖。而对于第二个问题，受访者均表示据其所知，德国的确没有任何针对口香糖污染的政策，乱吐口香糖甚至居然不会受到任何的惩罚。关于第三个问题，调查显示，几乎所有的受访者都表示自己有过亲眼看见他人往地上吐口香糖的经历，而这些罪恶的黑色圆斑的制造者中，并不只有外国的游客，还有老实严谨的德国人。

经过多方探求，笔者仅在网络上一篇国内的文章中找到有关德国应对口香糖污染的信息："德国规定，乱吐口香糖者将受到 30 欧元的处罚。"然而，即使的确存在这样的法律条文，事实也说明了它是失效的，并未得到贯彻执行。不管究竟是出于何种原因，德国环境保护制度对口香糖的忽视已经产生了可见的严重影响。漏洞之下，老实严谨著称的德国人却将无数个小小的黑色口香糖，黏在无敌战车的前行之轮上，成为了一个个刺眼的污点。

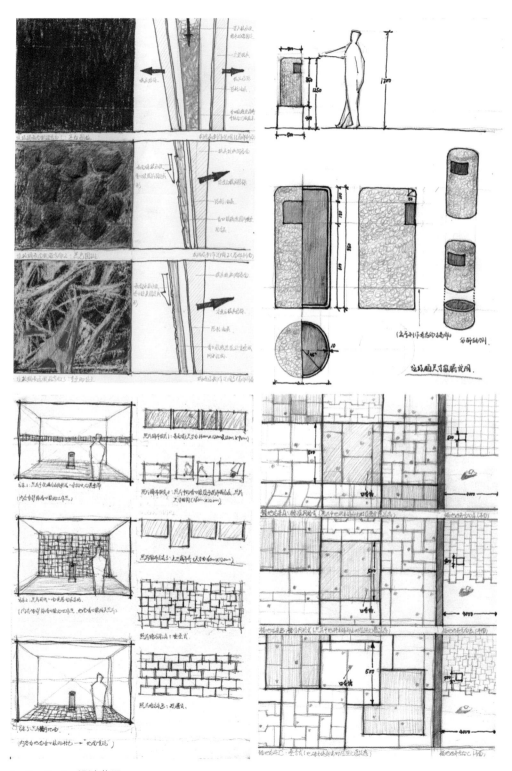

1、2、3、4- 设计草图

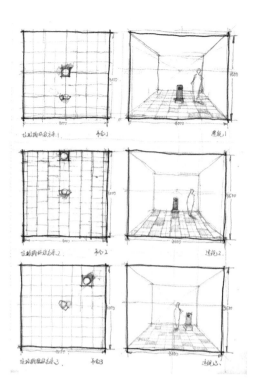

①

②

1– 设计草图
2– 制作过程

1、2、3- 展览现场

贺艺雯作品：来自卡塞尔的烟

我们来到卡塞尔时已是傍晚。火车站里的商店堆着廉价的拖鞋和消毒剂，整个城市出乎意料的沉闷。

没有成群结队的游客，也没有目不暇接的景点指示牌，地图上的美术馆更是寥寥无几。只有看到广场上高高的装置作品时，你才会意识到这确实是卡塞尔文献展[①]的举办地。这个只有 25 万人口的小城平日里让人提不起一点兴趣，所以有人调侃说："再没有别的理由让人在五年内重返卡塞尔了，除了文献展。"

60 年前，作为德军坦克基地的卡塞尔在第二次世界大战中几乎被炸为平地。人们在一片废墟中举办了第一届文献展，以回顾、文件及改造形式呈现 20 世纪初，近50 年艺术历史的进程。逐渐地，它成为世界上最著名的艺术展览地之一，每次展览访客可以达到几百万人。

出人意料，下一届卡塞尔文献展宣布移居雅典，一分为二。总策展人解释道："这个决定与卡塞尔文献展的历史背景有关，因为卡塞尔草创文献展时还处于从废墟中重建的恢复时期，而现在的卡塞尔已经没有当时的那种紧迫感[②]。"

①卡塞尔文献展（Kassel Documenta）是世界最著名的艺术展览之一，在德国卡塞尔每 5 年举办一次，与巴西圣保罗双年展及威尼斯双年展并称为世界三大艺术展。
②Lecturenotes, Documenta 14 Kassel. *LEARNINGFROM ATHENS. VON ATHEN LERNEN.* Northwestern University, Block Museum of Art, Evenston 10/112014

无论是过去还是现在，其实卡塞尔都是个典型的工业城市。"二战"期间，最令盟军恐惧的重型坦克"虎王"是在卡塞尔研发和生产，39 年前在这里诞生了世界上第一辆磁悬浮列车。如今德国的高速火车在这里制造，火车机车、卡车、公共汽车等产品都享有世界声誉。卡塞尔集结了这个国家和民族最精尖的科技成果。每五年一次的文献展让它成为暂时的艺术中心，可展览结束一切又全部回归平静。

是艺术之都，还是工业基地？

这种微妙的身份转换让我想起了慕尼黑啤酒节——适度的失态成为一种享受。德国太多常态了，永远守时的车，永远守时的人。这种常态带来沟通的方便，又带来削足适履的痛苦。极其规律的生活一天天重复着，直到他们自己也感到厌倦，必须规定好一个日子让自我放纵成为集体公约。

想起几天前刚刚考察了米兰世博会，德国馆让人印象深刻。设计概念为"灵感的田野"，完全以前沿科技为参观主线。他将一块波浪形的纸版配合多媒体软件实现了平板电脑的效果，让人惊讶于技术带来的表现力。有趣的是，最后一个展厅是一场小型音乐会，在这里，刚刚还是电脑的纸板立刻又成为了伴奏的工具。这种点缀式的艺术搭配真是标准的德国式浪漫。

在场与立场

①

② ③

1–"二战"将卡塞尔
几乎夷为平地，图示
为一面幸存的墙壁。
2–在卡塞尔的建筑立
面上收集历史的"灰
烬"
3–在卡塞尔采集好
材料，之后运回上海
制作展品

德国人太理性，他们需要一些刺激的调剂。于是他们选择了艺术。可是艺术之于德国又是疏离的。

柏林、斯图加特、慕尼黑、杜塞尔多夫……艺术气息在德国的每个城市都好像触手可及：一圈又一圈的看展队伍，一排又一排的街头涂鸦，无不在彰显一个民族的底蕴与活力。可是当我在午夜看着寂静到可怕的街道，你就知道它是冰冷的、内敛的。看了米兰，我相信意大利人是爱艺术的，他们洒脱起来就像流浪歌手在地铁站里弹着吉他，无所谓归宿，无所谓结果。德国人不同，他们总像是一群理工男去参加派对。艺术让他们微醺，也仅仅是微醺。第二天起床，依然西装笔挺地去上班，什么都没有留下。

德国的骨子里是冷静的。他相信逻辑，相信秩序，相信棱角分明的科技。艺术让他放松，也让他不安。哲学家赵鑫珊先生说"在德意志民族的性格里头，好像有种大森林的气质：深沉、内向、稳重和敬慕③。"

我想，艺术就是这大森林里的一抹烟，它存在却抽离，使人一眼望去，不得此林中深浅。

③赵鑫珊．血管中流淌着"森林"［J］．森林与人类，1995，06：5-7.

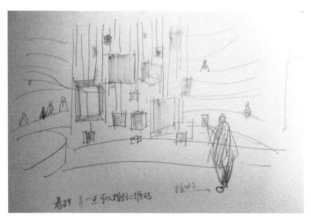

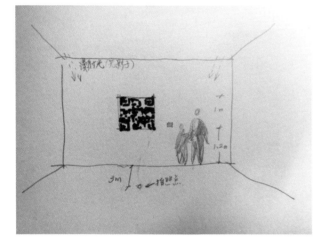

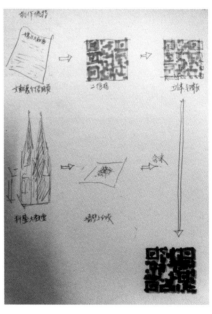

1、2、3– 设计草图

① ②
③

④

1– 通过投影定位，将钢板逐
一固定在墙上
2– 在师傅的帮助下微调钢板
的位置
3– 二维码的原材料——钢板
4– 将从德国带来的"卡塞尔
的灰"洒在钢板上、地面上

在场 » 立场

1– 观展者在扫二维码进行互动　　①　②
2– 展示效果　　　　　　　　　　　　③
3、4– 展示细节　　　　　　　　　④

樊怡君作品：双重巧克力

在德国，无论是街头穿着运动衫的背包少年，还是酒吧灯火下饮酒的闲客，抑或地铁上行色匆匆的路人……在他们手中发现巧克力的身影绝非稀奇。超市的货架上各式各样物美价廉的巧克力更是让人一见倾心。

德国是全欧洲最大的巧克力生产与消费国之一，据调查显示："德国 2012 年的巧克力消费总量达到 785000 吨，平均每人 9.78 公斤，大约是 97 条巧克力棒的重量[1]。"德国在巧克力方面的最佳创新当属酒心巧克力的发明。恰恰反映着他们民族性格中的刚烈，在黑巧克力外衣包裹下的酒心巧克力也着重于酒的甘醇浓厚而非巧克力的丝滑甜腻，最著名的 Asbach 的酒心巧克力最初便是由于妇女在公众场合不便饮酒而创造。同时与其他国家相比，德国人对待黑巧克力似乎更情有独钟。他们长期针对黑巧克力对人健康的影响进行研究，发现巧克力对人脑、心、肺、肝、胃等身体部位都有益处，其中对心脏的好处尤为突出。黑巧克力的可可中含有的一种名为黄烷醇（flavanol）的化合物可以扩张血管、调节血压，有助于降低患心血管疾病与癌症的风险。巧克力作为一种健康的日常能量补充体成为德国人们运动、加餐与零食的首选。然而身为一

①科隆巧克力博物馆

丝不苟、严谨求实的德国人，对待巧克力的制作工艺的态度也体现着同样的精神。以著名的黑骑士 Hachez 为例，从选材，配料，加工到时间和温度把控，都无丝毫懈怠。"普通巧克力最多熬制 8 小时，而 Hachez 必须淬炼 72 小时才出炉"②。然而也正因其工艺的高超，才能将有效物质黄烷醇极易破坏的黑巧克力做到极致。

巧克力伴随着德国人生活的点点滴滴，对于巧克力，他们所专注的是实物本身的品质研究，以及对其健康功效的探究和各种先进技术的创新应用。而同时在中国，谈起巧克力首先想到的便是近年来如火如荼的情人节，作为礼物传达心意成为了巧克力的主要用途。

来自（Mintel）英敏特的研究报告显示：到 2013 年，情人节已超过父亲节，母亲节，位列中国民众会庆祝的西方节日之首，而其中巧克力便是人们首选的食品礼物③。这种最先起源于日本的文化使得巧克力在中日成为了传达心意甚至表征人际关系与感情的媒介。无关巧克力本身的选材，成分与工艺，在它作为一种礼物进入人际交往的网络中时，品牌，包装与创意成为了其首要评判的标准。虽说起初是机智的商家想出的经销手段，然而却无疑高度迎合了中国民众的文化习性与过节心理，因而许多在欧洲市场廉价而平常的巧克力，例如费列罗，在中国都走起了精美包装，第三方物流服务全包的高价路线，抓住的便是中国人"宁

②巧克力之家　http://choc.
te23.com/guowai/0813899.html
③《情人节礼物巧克力占半壁江山》
一财网　刘晓颖　2015-02-13

① ② 1、2– 德国当地人们日常购
　　　买与品尝巧克力

③ 3– 德国很著名的酒心巧克力

④ 4– 作者在德国挑选巧克力

买贵的送人，也不愿自己吃"的心理。在人际关系主导的文化社会里，巧克力已略去其自身品质的优劣而以另一种精神上的意义方式存在并活跃着。

出现这样的差异事实上并不稀奇。身在中国，我们自然熟知这种人际关系主导下的社会生存方式。而在德国，社会关系主要隶属于一种统一的秩序抑或言之契约。这两种不同的社会形态本身的区别在于所关注的是集体还是个体。因此巧克力作为口感甜美又极富浪漫意义的食品在中国这样注重集体关系的社会中最终成为了一种重要的人情载体。而相应的在德国这样更关注个人价值与能力的国家，他们将注意力集中于巧克力自身品质的比拼也理所当然。

然而在这两种差异现象的背后又有着另外一种共同点：即文化交融过程的共同点。巧克力的起源在美洲，之后一步步传入欧洲，又在康熙年间从欧洲传入中国。巧克力在这两块土地上都与当地文化进行了融合并表现出不同的地域文化特点，例如中国化的礼义人情，与德国式的严谨细致。文化的交融总是经历着这样的一种过程：外来文化进入本土并对本土文化带来巨变，而之后本土文化又将逐步同化外来文化，最终形成一种具有当地特色的新的文化呈现。无论德国也好，中国也罢，同一事物在不同的文化土地上终将带上不同的色彩。在文明撞击终点，会有消亡，会有新生，亦会是融合之后的一点点生长，而这样的过程，便是文明与历史真正前进的步伐。

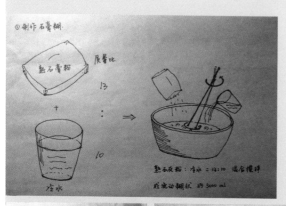

① ② ③ ④ ⑤ ⑥

1～6– 作品初期方案设想草图

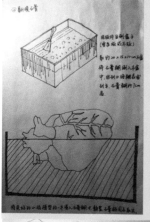

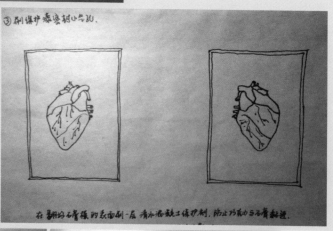

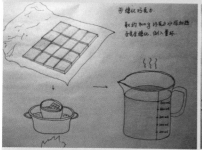

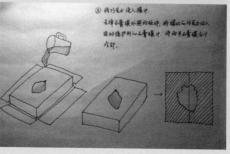

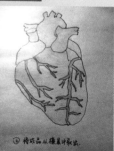

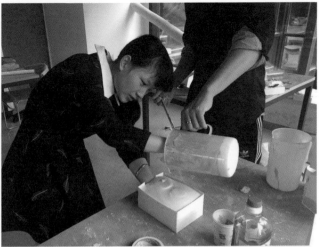
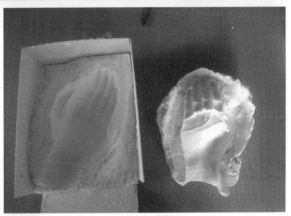

① ②
③
④

1– 石膏浆调配
2、3– 石膏母模翻模制作
4– 浇铸可可浆

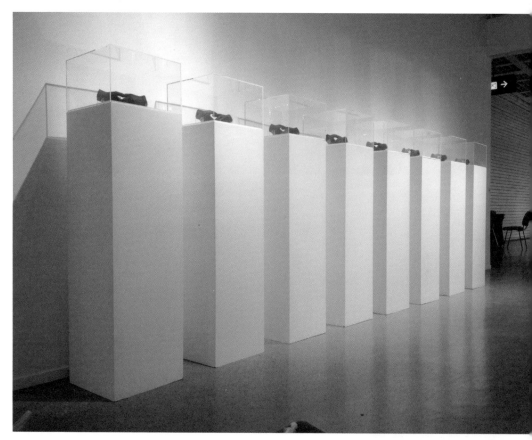

①　③　④

②

1、2- 展览现场——整体展示效果
3、4- 展览现场——局部细节效果

李霁欣作品：与胡蜂共进早餐

谁抢了德国人的餐桌

端起水杯，"咦，这什么？"

原来是蜜蜂，停在杯口，久久不肯离开。

从斯图加特开始，在德国的一路上，蜜蜂一直是个难以被忽视的陪伴。

第一顿早餐，我们很兴奋地来到室外，想象着树荫下、阳光暖、小风吹；惬意享受这早餐。却没想到果酱盒，肉片都被蜜蜂们占领，调皮的蜜蜂们还四处乱窜，令我们难以下手又难以下口。之后几乎是在每一家面包店的食品柜里爬的、飞的满是蜜蜂。就连在路上喝饮料，都能招来蜜蜂。偶尔还会被咬一口，痛痒难忍。

但事实上，从2006年开始，德国就有蜜蜂神秘消失事件，蜜蜂的数量在急剧减少。

关于"餐桌客人"的真相

令人奇怪的是蜜蜂原本是吸食花蜜的，但这些生物却对人类的食物如此感兴趣。查阅资料，比对照片资料与习性特点，发现这些生物其实是德国黄胡蜂。它们容易受香味"蛊惑"，爱吃花蜜及甜的果实，还会吃人类的食物及渣滓，尤其是肉类。另外德国黄胡蜂会捕捉其他昆虫及毛虫来喂养其幼虫，所以一般而言它们是益虫。但它的螯针细长，蜇完人后可以顺利带出。

关于德国民众的态度

与我们第一次受到黄胡蜂对食物的侵占所表现的备受惊吓不同，德国人倒是纹丝不动，淡定地继续享用早餐。面对满是胡蜂的面包店，他们也视而不见。

在旅程中的几个城市采访了一些德国人，他们明确地告诉了我：它们不是蜜蜂，而是胡蜂（Wespe），"蜜蜂都追着花跑，但它们到处飞。"被采访的人纷纷表示从小就一直和这些小家伙们在一起，他们不喜欢这些乱飞的胡蜂，但并没有任何的办法，也已经习惯了。几乎每个德国人都有被胡蜂咬的经历。在采访的同时，他们似乎更愿意和我诉说关于蜜蜂的故事，告诉我蜜蜂给他们带来的诸如苹果之类的作物，眼里充满了喜爱。我感受到了蜜蜂对德国人的重要意义，正如米兰世博会德国馆内展示的一样。

关于黄胡蜂的危害

虽然德国黄胡蜂会捕捉其他昆虫及毛虫等害虫，在某种程度上是益虫。但每天环绕在人的食物周围，能比苍蝇干净多少？时不时蜇人一下，被蜇后皮肤立刻红肿、疼痛，而头晕、头痛、呕吐、腹泻、全身水肿、昏迷、休克等的案例还是不少的。首先是食品安全问题，再就可能影响到人身安全了。

另一方面，黄胡蜂是蜜蜂的天敌。胡蜂会抢夺蜜蜂的巢穴，残杀蜜蜂，有些则会跟踪捕捉蜜蜂饲喂幼蜂或奴役其做工。1只胡蜂一分钟内能咬死多达40只蜜蜂。2009年，法国就曾发生过一次"蜂灾"。据环球时报报道，当时法国正面临"中国大黄蜂的入侵"，这使得当地蜜蜂数量急剧减少，幸好政府及时采取措施才并未最终威胁到蜜蜂的种群。胡蜂的危害可见一斑。

相较于胡蜂吃毛毛虫的益处，我觉得它给人带来的食品安全，人身安全的问题更严重一些，蜜蜂对人类的重要性也大很多。

相关应对手段

胡蜂喜欢在木质结构的建筑中筑巢。尤其房屋的户外遮阳卷帘的盒子内，经常会有胡蜂在内筑巢，如果确实威胁到日常生活，居民们可以拨打火警消防电话，让专业人员来处理。但数量之多，在夏季高峰期可能会排队到两周后。至于胡蜂们对食物的侵袭，人们只能是逆来顺受，乖乖分享的。

1– 停在瓶口的胡蜂
2– 作者关于胡蜂、蜜蜂的问题采访当地居民
3、4– 在各种事物附近徘徊停留的胡蜂
5– 路旁售卖自制蜂产品的小货车

在德国，面包是隔夜扔掉的，鸡蛋是有身份证的，肉是反复检验的，奶粉离开货架是要处理掉的……一切有关食品安全方面的监控都做到了极致，为何要在最后一步上，让胡蜂捷足先登，那么这些为了食品安全产生的浪费就不再情有可原了。

近十年来，蜜蜂的数量一直都处于下降趋势，专家预言，若不加以保护，蜜蜂可能在 20 年内完全消失。保护蜜蜂成了多数德国民众的想法，由此产生了新的趋势：城市里有越来越多的城市居民开始拥有自己的蜂箱——在后院、花园、阳台或屋顶上，已成为了一种时尚爱好。我们旅途中的柏林、法兰克福和慕尼黑都已经有了自己的城市蜂箱。然而，治理胡蜂的问题不是更简单而必要一些么？

在几乎见不到蚊子、苍蝇，街上能见到灭虫车的德国，在食品安全监管最严谨的德国，在一切有因可循，讲求民主的德国，居然会有如此影响人生活的胡蜂，常此以往的大量出现且无人反抗以致变成习惯，实在令人咋舌。政府的无作为只是因为胡蜂的毒针还是因为已经习惯了的居民不发出声响？

半个家物中.

墙上画

斜面半桌子.

实物椅子.

人剪影.

胡蜂剪影.

墙绘
早餐

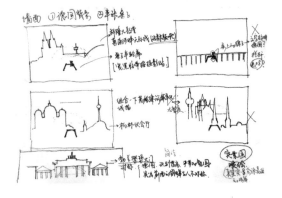

构思草图

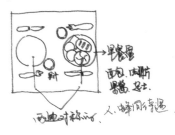

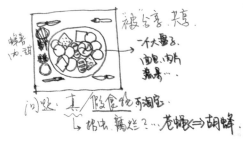

构思草图

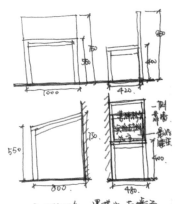

① ② ③ ④

1– 仿真食物细节
2– 材料剪裁
3、4– 桌椅制作

① ②

③ ④

1、2- 展览现场——整体效果
3、4- 展览现场——互动效果

沈若玗作品：水平线

偏执的外世界，疯狂的内世界

"Alles in Ordnung？（一切都按照规则进行吗？）"
以检查规范来表达问候的，一定只有德意志民族。

就如同大多数人对他们的印象，德意志民族对于规则
和秩序有着极致的服从与偏执。

他们的时间观念早已闻名于世：公共交通的时刻表可
以精确到每一分钟；凡事皆先预约，以至于人人携带
时间规划表；他们近乎苛刻的用白纸黑字将他们的规
则实物化，即使一次罢工或者游行也会公布纸质章程。

这样的偏执极大地影响了他们的审美取向：他们的穿
着以整洁为美；他们热爱玻璃和钢所带来的锋利的有
序感；他们钟爱直线条和几何形，倾向于符合几何规
则的设计。

从表面上来看，极致的有序让世人惊叹；然而深究其
来源，这种偏执甚至可以看作为一种表现为集体无意
识的心理异化。

历史中的德国人向来是承担重负的：德国地处欧洲中心，四周皆与邻国接壤。这除了为德国带来交通、商贸的便利以外，也给德国军事上的防御和政治上的退避制造了先天的缺陷，经常让整个民族主动或被动的卷入到战争中。德意志民族的历史发展进程动荡曲折，尤其是17世纪伊始，从三十年战争到第二次世界大战，400余年断断续续的战乱、分裂与动荡为德意志民族留下了巨大的心理阴影，以至于危机感和紧迫感始终伴随着这个民族，安全与稳定也成为了全民族的心理诉求。

然而历史似乎为他们指出了一个有些偏移了的方向。

19世纪中叶，德国政治家俾斯麦依靠"铁和血"完成了德意志的统一，也证明了源于普鲁士精神的"忠诚、服从、秩序"的巨大能量，并将其镌刻到这个民族的血液之中。于是他们近乎迷信地相信：秩序能使整个社会以最高效的方式运转，让全民族迅速强盛，自保并获得安稳的发展环境。

至此，服从秩序与生存发展之间产生了关联，成为了这个民族的普遍认知；随着时间的推移渐渐成为信念，直到下士希特勒将其推向极致的疯狂。

在战争结束的今天，这样的认知在潜移默化中早已成为潜意识的习惯：秩序成为了社会运转的轴心，人们执着于一切井井有条的状态，从计划中获取安稳，从服从中得到快乐，从繁复的法律中汲取安全感。

当被约束与捆绑的窒息感被认为是生存的证明，对窒息的偏执就显得如此的病态。

难以想象的是，在这样一个强调秩序与服从的国家能够涌现出如此大量的哲学家、音乐家、文学家、科学家和艺术家。

哲人康德引领了纯粹理性的德国式哲学，黑格尔、叔本华、尼采、马克思等先后成为理性主义的德国哲人；海顿、莫扎特、贝多芬、瓦格纳、勃拉姆斯等人让日耳曼人的音乐充斥着狂热的探索与思索；没有席勒的长诗和歌德的文字，德意志民族的理性思索就无处起航；提出相对论的爱因斯坦、创立量子力学的普朗克、发明 X 射线的伦琴以及难以一一枚举的大量诺贝尔奖获得者构建了德国科学的万神庙；约瑟夫博伊斯以其渊博的学识、丰富的经历和深邃的思索成为了当代德国艺术家的典型代表。

不难发现，在德意志民族冰冷的机器般的外表下，隐藏着如此活跃、躁动而狂热的思维。德国人的世界可以被一个界面清晰地分成外面和里面。

当外世界充斥着如此强硬的秩序，自由而发散的思维

1– 列车时间精确到分

2– 物化的秩序：标识牌

3、4– 穿着一丝不苟

5– 直线条的建筑

便倾向于内敛。1517 年，马丁·路德发起了宗教改革，他提出"两个王国"：外在的王国是世俗化的、专制的，人应对规则服从；内在的世界是属于上帝的，人的精神得以自由地发散。显然，德国人成功地将其推向极致：德国社会表现出高度的有组织性，服从成为了一种本能；然而在私人的时间里，在内心的王国中，每一个德国人都是自己领土的绝对掌权者。

在内世界中，失去世俗约束的灵魂无拘无束，思维的疆域被扩大到无限遥远。

内世界的疯狂体现在对纯粹理性的追求。就如同康德，一生都未踏出过他的出生地——一个名为柯尼斯堡的小城，也许他一生的大部分时间都生活在内世界中；然而他的"三大批判"树立了德国思维的典型模板：用独立于一切经验的理性彻底、透彻地了解事物和与事物相关的一切领域，然后开始解决问题。

这样的思维模式体现于科学中，便是对于论证的极度严谨；体现于文学中，表现为席勒式的文学风格，即从本源的终极意义上表现人生，立意往往深邃而文字常常晦涩；至于艺术领域，德国人首先追求思想深度，全面而带有哲学性地进行嘲讽或批判，并且更容易通过将思索推向极致，从而创造出极端的美感。

德意志的自然科学硕果累累，这与他们的思维模式有直接关联；哲学、文学和艺术等领域，纯粹理性成为德意志民族最具标志性的一道底线，也使他们的人文科学带有鲜明的特点。

不论是在世俗和还是精神的生活中，德国人都显现出一种病态的极端与纯粹。他们臣服秩序到了极致，思维模式理性到了极致。从某种程度上来说，希特勒的悲剧与死亡哥特都可以视作这种纯粹的极点。这种纯粹容易形成巨大的张力，成为一种另类的美学，这也许才是人们为德意志所惊叹的原因。

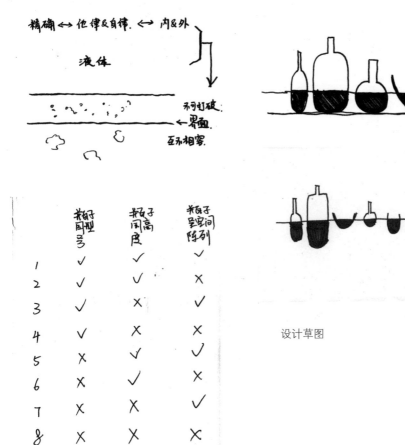

设计草图

在场 ▫ 立场

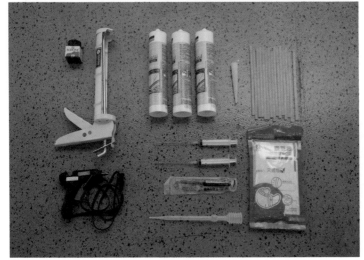

① ③ ⑤
② ④ ⑥

1– 容器选择

2– 工具准备

3– 开始染色

4– 确认染色剂计量

5– 预染色

6– 微调水位

《水平线》展览现场

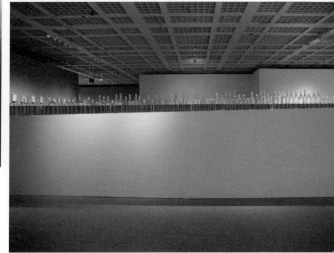

徐亮作品：干杯！德国

世界上再也找不到比德国人更爱喝酒的民族，据说老早之前，德文里已经有了BierReise（啤酒旅行）的词汇，意为边走边喝，在旅行的同时，喝遍各地的特色啤酒，来一次"啤酒旅行"。人们视啤酒为生命运动的重要部分，可以说时时刻刻、事事处处，随心而伴，形影不离。

在中国，我们平日里所喝的啤酒，例如青岛、雪花等，都是黄色的，来到德国后却发现这里的啤酒色泽多样，从浅黄到棕黑应有尽有，超市和酒吧里品种繁多、各具特色的啤酒更是让人无从选择。于是，一个疑问出现在我的脑海，啤酒到底有多少种颜色？又是怎样的原因造成了颜色的多样呢？原料、配方，抑或是酿造方法？下面且听我慢慢道来。

关于啤酒到底有多少种颜色，仔细想想，大伙所听到过的关于啤酒的名字，与颜色有关的就相当不少，除了经常耳闻的白啤、黄啤和黑啤，棕啤、红啤、金啤，甚至琥珀啤酒都或多或少听说过一些，如今甚至有些啤酒可能是蓝色的、绿色的，让人眼花缭乱。

对于啤酒色度值的评判，到了 20 世纪 50 年代，美国人搞出了 SRM（Standard Reference Method）标准，使用光谱仪来更加精确地测量啤酒的颜色。欧洲人又不服气了，同时设定了欧洲酿造标准 EBC（European Brewer Convention）。目前被家酿广泛运用的还是 SRM 标准。

当然，我知道这些啤酒你大多都没见过，也不知道都是些什么。在这里解释各种啤酒的工艺区别和起源也毫无意义，你只要简单地知道，一般啤酒的原料是水、麦芽、酵母、啤酒花。从原料可以看出，对啤酒液体颜色影响最大的是麦芽，麦芽汁是啤酒发酵的主体，而没有经过特殊处理的麦芽汁是黄色的。

市场上所售绝大部分工业啤酒都是美式淡色拉格，由未经特殊处理的麦芽汁发酵而成，故而呈现黄色。深一层讲，这种啤酒除了以上原料外，普遍会根据地方原材料供应情况，添加大米、玉米等辅料，但一来所占比例不大，二来所浸出液体颜色多为无色或浅色，所以对发酵液体总体颜色影响不大，还是以麦芽汁颜色为主。

深色啤酒主要是因为特殊处理的麦芽。通常来说，人们将麦芽进行不同程度的烘焙，来取得相应的口感。同时这种烘烤过的麦芽会碳化，故而产生黑色，对液体颜色的影响很大。例如棕色啤酒会有坚果或面包的味道，颜色更深的啤酒比如德国波特就会带有焦煳的口感，甚至巧克力或者咖啡的味道。

至于那些红颜色、绿颜色、蓝颜色的啤酒，一定是啤酒里添加了人工或者天然的色素成分。比如在斯图加特喝过的一种水果啤酒，西柚味和葡萄味的颜色相应的就是深红和深紫色。查阅相关资料了解到，绿色的螺旋藻啤酒颜色来自于螺旋藻，蓝色的啤酒同样是因为水中含有蓝色素藻类。

笔者通过调查发现了一个有趣的现象，德国啤酒的颜色和中国茶一样，随地域分布呈现一定的关联性。

白啤酒主要分布在东部地区，它的特点是液体较浓厚，口味不太苦，喝上去口感润滑，是典型的液体面包。著名的品种有柏林白啤酒，莱比锡白啤酒和巴伐利亚白啤酒等等。

清啤酒主要流行于北德地区，是当地人首选的啤酒品种。清啤酒品质清冽，呈透明的浅黄色，它是德国啤酒中苦味最重的一种。因为采用二次发酵的工艺，酒中所含的糖分少，不容易使人醉酒，清啤酒很适合大量饮用。　最知名的代表品牌是弗伦斯堡，在当地家喻户晓。

1- 穿行在公路上的啤酒巴士

2- 啤酒作坊

3- 参观当地啤酒作坊

4- 确各地酒馆富有特色的啤酒杯垫

在德国南部，慕尼黑啤酒是当地的特产，也称巴伐利亚啤酒，是一种下面发酵的浓色啤酒，使用的麦芽在烘烤过程中充分干燥，色泽较深，有浓郁的麦芽焦香味，口味浓醇，苦味较轻。

黑啤酒的家乡在杜塞尔多夫和鲁尔区。它的颜色相当深，有着淡咖啡般的棕色，不像清啤酒那样苦，口感上稍带甜味，和爱尔兰的基尼斯啤酒有点相似的地方，只是浓度稍微淡一些。杜塞尔多夫能保留下这种啤酒纯粹是因为地处德国西部，平均温度低。这种啤酒属于高发酵啤酒，在第一轮发酵之后，就需要在低温的环境下储存起来。

由此我们可以看出，在德国，从东到西，由北至南，人们所偏爱的啤酒颜色逐渐加深，口味也在发生着变化。近五百年来，德国啤酒凭借其纷繁的品种、卓越的品质成为了所谓纯正啤酒的代表，而啤酒也早已渗透入了德国人生活的每个角落，并将一直渗透在德国文化中，成为它的一部分。干杯！德国，今夏让我们来一场浪漫的"啤酒旅行"！

① 盛放液体容器 形态：

常见啤酒杯形态：

茶杯：

毛峰 啤杯 形态 盛放，茶杯形态 饮取.

② 排列方式：

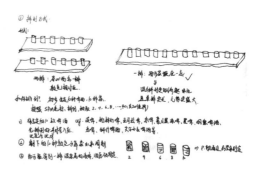

展示宽长高：

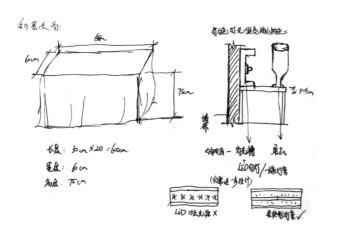

长度： 30cm X 20 = 600cm.
宽度： 6cm
高度： 75cm

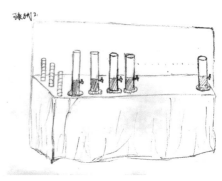

设计草图

1、2、3- 制作过程

①

② ③

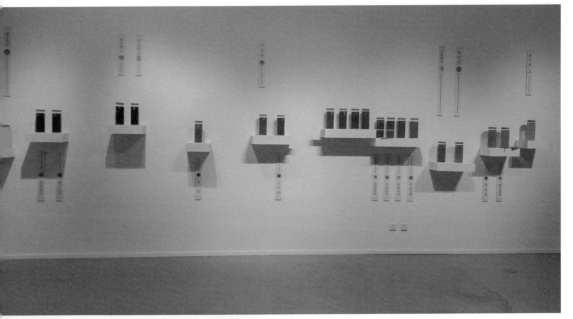

展览现场

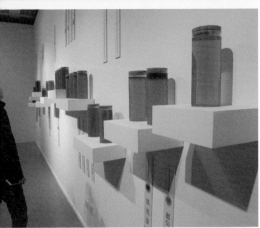

曾鹏飞作品：彩虹旗

当我们贴上标签

"为何现在那么多女孩子不懂得教养？等个地铁就可以随随便便蹲着，难不难看？""不是地域歧视，反正觉得外地小姑娘特别喜欢蹲着。"

——微博热搜"地铁蹲着没教养"

"你一女的27岁了不结婚是哪儿有问题？"

——微博热搜"被父母逼婚跳楼"

微博搜索排行榜上，"标签党"们带动的话题层出不穷、此起彼伏。在这个脚步匆匆的时代，标签让短时间获得关键信息成为可能，而"贴标签"则成了我们迅速养成的习惯。没有深入的了解，仅凭只言片语哪怕转瞬一瞥，就足以让"标签党"们"看穿一切"，继而站在道德的制高点上狂轰滥炸，一通乱贴。

也许蹲下背后是女孩一天疲惫的辛酸，也许单身背后是因为对人生事业的追求。在那些看似简单的问题背后，我们不知道隐藏了怎样复杂的故事，而那些我们花几分钟就脱口而出的标签，也不知道将要带来怎样

1– 路边酒吧采用了
隐喻彩虹的雨棚

2– 同性情侣

3– 彩虹招贴及雕塑

4– 街道上空飘扬的
彩虹旗

5– 酒吧门口，彩虹
旗迎风招展

①

② ③

④ ⑤

的伤害。

在这个不断追逐文明和自由的时代，"贴标签"无疑是亟待铲除的陋习。那些先入为主的成见让我们错失许多美好的同时，更可怕的是，它们可能烫伤那些无辜的灵魂。当然会有人急着跳出来，批评我的脆弱，指责那些受害者们内心仿若玻璃不堪一击——只要足够坚强，何惧他人眼光，贴上的标签，都能成为荣耀的战袍。

我想告诉你的是，构成这个作品的一张标签远远不足1克，当四万余张标签层层叠叠时却让人难以动弹。有形的标签尚且如此，言语和意识的攻击又当如何。我们无权要求他人坚强，倒是该点醒自己不要再去伤害。

当踏入克拉斯特这个闹中取静的街区，四处飘扬的彩虹旗暗示着些微不同——同性恋们在这儿聚群落脚。21世纪初，柏林便一跃成了全世界性少数人群最向往也是最年轻的"彩虹天堂"，在公众场合，它给了"性少数人群"最大的包容。每年柏林"同志骄傲大游行"参与的人数也在十万十万地蹭蹭上涨，连警车也要为他们开道。而当你进入这个平凡安静的小区，内心还是有几丝异样——路口矗立的粉色三角锥，随风轻飘的彩虹旗，你好像踏入禁地，它和日常的街区不同。

这就是彩虹旗的悲哀，象征自由的它带来多少自由仍需商榷，而整个群体因为挥舞旗帜被贴上的标签，却已是不可胜数。这旗帜的夺目不是因为鲜艳的色彩，而是它身后隐形的指指点点。

目光收回中国，收回上海，也许对象发生了转换，而事情的本质并无太大差别。总有人习惯从给别人贴上标签来获得自己存在的又一点儿意义，通过对他人指指点点来索取自己人生的些微快感。

当我们贴上标签的时候，也将我们自己禁锢。不是上海人就非得刻薄计较，不是外地人就硬要全无教养，不是男人总该扛把子，不是女生必须小清新。每撕掉一个标签，就可能认识一个朋友，碰撞一些观点，呼吸一份自由。

就像这条彩虹旗，当有形无形的标签层层消解，在微弱的倒影里就是彩虹的绚烂。

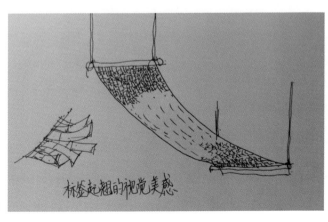

设计草图

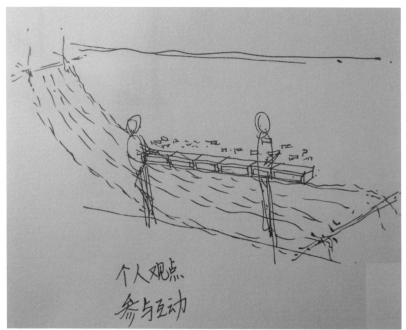

个人观点、
参与互动

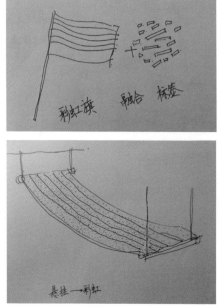

彩虹旗　融合　标签

悬挂→彩虹

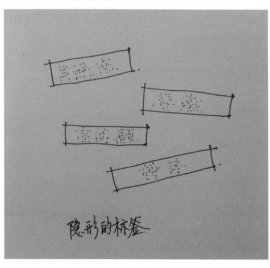

隐形的标签

设计草图

① ②

③

1、2、3- 将九万余张隐喻个体和偏见的标签拼绘成一道虚幻的彩虹

1- 展览现场——彩虹的虚幻，亦如隐匿的标签和偏见　　　①　②

2- 展览现场——游客们尽情地表达着自己的观点

3- 展览现场——来来往往的游客，借万余张标签表达　　　③

着自我，最后拼绘成一幅斑斓画作

2015 年米兰世博会介绍

2015 年米兰世博会介绍

李霁欣

我们一行人有幸从德国飞到意大利参观这次 2015 年的米兰世博会。这次世博会是第 42 届世界博览会，主题是"给养地球：生命的能源"，关注全球粮食安全，旨在应对人口增长等问题，探索地球资源与人类饮食之间的关联。概括来说就是首次以食物为主题的世博会。对我们而言，除了是饕餮盛宴，这更是一次世界级的建筑艺术盛宴。

园区的设计也遵从了世博会的主题，投入了大量的自然景观的设计，用实际的空间体验展示生态的可持续性，以及意大利传统文化景观。世博园区整体呈一条鱼形，周围有水路围绕，内部依照古罗马兵营的基本网格，插入了卡尔多大道（Cardo）和迪库马诺大道（Decumano）这两条交叉的十字街道网格。迪库马诺大道是园区长约 1.5km 的主轴线，表现了食品从农村被生产到城市被消费的过程链，被分别向两边下垂的布幔交错覆盖遮阳，两旁排列着外国参展场馆；意大利馆和各大区展馆则位于短轴卡尔多大道两边。大道尽头设立"生命之树"（Tree of Life）音乐喷泉，喷泉随着音乐树上开花的表演也表达了对自然、对生态的关注。同时园区边缘的制高点——地中海高地（Mediterranean Hill），效仿古罗马竞技场的露天剧场（Open Air Theater San Carlo），还有重现了多样化生态环境的模拟生态圈（Biodiversity Park），都是园区设计的点睛之笔。园区本身也贯彻了可持续的概念，所有的建筑场馆都是可拆卸及降解的。根据计划，在世博会结束后，园区将作为植物花园以及城市公园继续服务于市民。

中国馆

中国馆自然是我们最关注的一个展馆。一眼望去，只见两面体量巨大但质感轻盈的歇山顶漂浮于金黄金黄的花田上。但因为场地过于狭小，麦浪的整体造型被削弱了

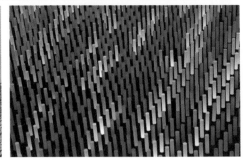

很多。走近发现门口的北京胡同、故宫红墙等设计的场
景也颇具特色。这些设计都在向世界传达着中国优良的
传统形式以及融合其中的现代性。就展览本身而言，内
部分为"天、地、人、和"四个展区，展示了中国农业
文明的发展历程以及中华饮食文化的博大精深。场馆内
最引人注目的是馆内中间的 2 万根 LED 人工麦秆组成的
"希望的田野"画面，根据中国历法，随音乐节奏不断
变化颜色与画面图案，展示农作物的生长。绚烂的视觉
效果吸引人们不断与之合影。总体而言，展示条理清晰，
但内容平淡、缺乏体验度，难以留住匆匆过往的人群。

以其外观的独特魅力征服大众的当属英国馆、法国馆了。

英国馆

本次世博会英国馆与上一届上海世博会的"种子圣殿"
有所类似，都是巨型的体量装饰以独特的表皮构成令人
震撼的独特造型。这次选择了"蜂巢"为主题，建造了
一座有空间有秩序却又颇为丰富的殿堂。晚上，整个蜂
巢内部会闪闪发亮，频率则是取自于英国一组真实的蜂
群活动情景，给参观者近乎真实的"蜂巢"生活体验，
突出了人类与蜜蜂的相似性和关联性。

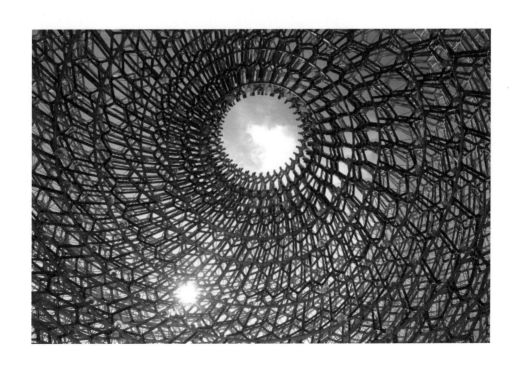

法国馆

法国馆更像是一个空间扭曲多变的市场。手法是将用木结构搭建的法国的山地地貌倒置，一则表现了法国山地的地形，二则形成丰富多变的底层空间。展品悬挂在木结构上，可望而不可及。人们纷纷仰头张望，更是一道景观。

内部空间充满感染力的阿联酋馆、波兰馆则更值得我们学习。

阿联酋馆最吸引人的是它迷人的曲线，热情的沙漠一般在两旁高高竖立笼罩我们，但温度却是凉爽宜人。这条清爽有特色的通道一直将人们引入黄金礼堂，利用这两面高墙将狭长的室外空间组织得十分有趣。

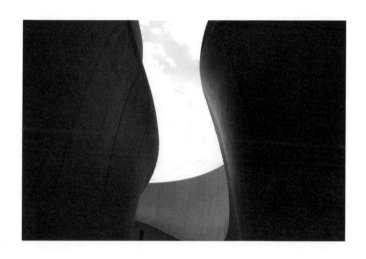

波兰馆

将当地生产的苹果作为母题，又选取了不那么直接的
木构苹果箱作为语言，完成整个场馆的设计。建筑立
面用多层木质框架堆叠，每一个盒子都是一个"苹果
箱"，形成了一种独特的秩序美，又结合玻璃把室内
的光线调动起来，形成虚虚实实有意思的空间。令人

惊喜的是馆内围合的小庭院，中间种植了很多波兰的植物，运用周围建筑立面的镜面材质创建了无限延伸的世外桃源。整个波兰馆简单浪漫舒适，传达出波兰的田园氛围。

除了外观、空间，展示的方式自然也要符合新时代的步伐。很多场馆都用创意与互动赢得了长长的队伍——德国馆、日本馆、瑞士馆。

德国馆

从德国而来，自然对德国也有了一定的感情和认知，比如高超的科学技术，正在兴起的城市中的农业、面包、水瓶上的蜜蜂等，看起展览来，更是激动亲切。

德国馆是本次世博会最大的外国自建馆。果然不管是

在哪方面，德国馆延续了它一贯的高科技风格。展馆的设计上，室外场地上具有张力的、新芽造型的、薄膜覆盖的遮蔽物"思想的幼苗"通过集成先进的有机光伏（OPV）技术，成了太阳能树。点缀在普通的室外大台阶上，与室内联系起来，将建筑与展览相互融合，这些遮蔽物也营造了夏季舒适的观展环境。展览方式上，结合场内的投影技术，将空白纸板变为ipad，和馆内展品互动。主要的展览逻辑是跟随着蜜蜂的视角来一次激动人心德国之旅。特别为小朋友设计的有趣的寓教于乐的环节，借助虚拟现实的技术也变得更加简单而深刻。不要以为德国人只会高科技，最后的互动表演秀在表演者的组织下也是动人心弦，延续展览，意犹未尽。德国馆将自然世界与科技文化相互连通，展览与建筑相得益彰。虽然没来得及品尝场馆内的猪肘、香肠等食物，但整个形式多样内容丰富的展览已

经将我们喂得心满意足。

日本馆

日本馆本次的主题是和谐的多样性，旨在展示日本饮
食文化中不同食物的共存。外观上，场馆外壁采用了
奈良法隆寺的木榫结构，由无数个三维木块组成，白
天降温、夜间透光，体现了可持续发展的理念。展示
方式上，注重体验，除了借助声光电安排的多媒体表

演外，还专门开发了 APP 与之互动。最值得一提是，借助虚拟现实技术，日本馆开辟了一个虚拟餐厅，在屏幕上看着许多种食物垂涎欲滴，除了不能真的填饱肚子外，还是很有趣的，大家都玩得很开心。想填饱肚子的话，也是可以在场馆内正宗的日式餐厅里一饱口福的。

瑞士馆

瑞士馆像人们出了一道道德考验的题目。不会再补充的咖啡、盐、水任凭游客自取，但"我们地球上的资源足够给所有人吗？"，据说东西全部被拿光，整栋瑞士馆会下沉。瑞士馆用艺术和体验的方式唤起人们的反思。有限的资源，个人的贪欲，对未来的责任，我们该做何选择？小盒子，大世界！具有装饰美感的小方盒成为参观者与产品之间的互动通道，神秘与未知成为参观过程的整个内在动力。希望世博会结束时瑞士馆并不会下沉。

最好玩的巴西馆

很值得一提的是一进场就把人吸引过去的巴西馆。这栋"非建筑"把互动做到了100分。将地面变成一张巨大的蹦蹦床，让游客充分与自然、与土壤、与大地接触；下面则是一个大花园，大部分都是巴西本土的植物，表现着巴西肥沃而富有矿产的土地——回归可能是我们现在重工业、重商业时代该考虑的事了。

主办方意大利馆

然而主办方意大利场馆虽然环保方面有亮点，以"城市森林"为主题，外观上是白色的树枝形状交叠的外表皮，同时表皮采用了一种特殊的水泥材质，可以吸收空气中的污染成分，并转换成惰性盐成分。但不得不说意大利馆似乎可以拿到最长队伍奖。三小时甚至更多的漫长等待难免让人情绪不高，但实际的内容空洞，空间啰唆，无比直接的令人大失所望。

本届世博会相比于上海世博会，场地紧凑很多。因为学期中对街具设计的探索，我们特别注意到了室外场地的公共艺术部分（街具），果然是设计之都，设计都别具风格。

1– 欧盟馆外球形坐具
2– 斯洛伐克馆外懒人沙发
3– 水池旁的"救生枕头"
4– 麦当劳外充电设施
5– 水雾降温设施

① 　④
② 　⑤
③

参观这次米兰世博会让我们看到了近乎全世界建筑与艺术的缩影，感受到了建筑与艺术的结合，这其中有惊喜也有可惜，也有很多感悟。这一天的暴走、排队、参观的循环节奏下固然辛苦，但已经沉重的脚步总能因为一些展览的某些打动人的创意、设计突然得到释放，这大概就是艺术创意、设计的魅力。面对米兰世博会，一天远远不够。但部分的体验，足以让我们看到创意、设计对人们的观念，对人们的生活的影响。建筑设计更是关乎人们生活的方方面面，这次的参观使我们对设计和艺术的热爱变得更加浓烈了。

德国美术馆之旅

柏林汉堡火车站当代艺术博物馆

沈若玙

Hamburge Bahnhof-Museumfür Gegenwart-Berlin

位于柏林的"汉堡火车站当代艺术博物馆"曾经供来往于首都柏林和汉堡之间火车停靠，是柏林当前现存的唯一终端站遗迹。这座建于1846年至1847年之间的建筑于20世纪初第一次被改造，成为了交通运输与技术博物馆，后于第二次世界大战期间遭到严重毁坏；直到20世纪80年代，在经历了大规模修缮工作之后，最终才成为了如今所看到的当代艺术博物馆（图1）。

图1

作为最成功的现代艺术博物馆之一，汉堡火车站当代艺术博物馆展出许多极具创意和思想性的当代艺术作品，作品的作者为众多新锐当代艺术家，包括约瑟夫·博伊斯（Joseph Beuys）、安迪·沃霍尔（Andy Warhol）、赛·托姆布雷（Cy Twombly）等。

远远地就可以见到火车站的两座钟楼，带有古典元素的折中主义建筑沿轴线呈现严格的左右对称；建筑前方有一广场，一圈环形步道围绕着广场中心的绿地，沿步道分布着一些长椅，供来往的参观者休息。白色的建筑映衬于蔚蓝色的天空，掩映于翠绿的树冠之后，显得赏心悦目；广场上的气氛如此静谧，充满艺术、文化与历史厚重感。

走到近处，发现广场上的铺地由砖块铺就而成；踏上建筑门口台阶之前，如果低头仔细观察能发现，一小片砖块上刻着许多名字，包括导演、品牌创始人、艺术家等，有些人名甚至不可考，推测是帮助博物馆修缮和重建的捐助人（图2）。上了台阶就进入了曾经的候车大厅，仍然保持着火车站建造时的结构；充满工业气息的钢桁架架在原本是火车铁轨展区上方，两边的通道是原先的候车站台（图3）。

博物馆将近一万平方米的展出面积展示了20世纪下半叶至今的艺术精品，其常设展主要包括柏林国家博物

图2　图3

馆（the Nationalgalerie）的收藏、柏林私人收藏家埃里希·马克思（Erich Marx）的收藏品以及西德私人收藏家弗里德里希·克里斯蒂安·弗里克（Friederich Christian Flick）的藏品。

其中埃里希·马克思的收藏品与博物馆发展的历史是紧密相关的。20世纪末，由建筑师约瑟夫·保罗·克莱胡思（Josef Paul Kleihues）对原候车大楼进行改造设计，并于东侧新建狭长的筒穹画廊，随之而来的就是1996年博物馆第一次向公众开放；而这第一场展览所展出的便是马克思的藏品。藏品囊括了赛·托姆布雷、约瑟夫·博伊斯、安迪·沃霍尔、罗伯特·劳森伯格（Robert Rauschenberg）、罗伊·利希滕斯坦（Roy Lichtenstein）、安塞尔姆·基弗（Aselm Kiefer）等20世纪下半叶著名艺术家的作品（图4）。埃里希·马克思的收藏如今在展览"Die Sammlungen.

图 4

The Collections. Les Collections"名下展出，主要存放于主展馆南侧、以博物馆建筑师命名的"Kleihues Exhibition Hall"展厅内；从 2015 年 4 月 25 开始，部分作品暂时移放至主展馆北侧一层和二层的展厅内，在展览"Die Sammlung Marx"名下展出。

一层北侧展厅展出了马克思藏品中大量约瑟夫·博伊斯的作品。他是雕塑家、事件美术家、"宗教头头"和幻想家，是后现代主义欧洲美术最有影响力的人物。在他看来，暴力是一切罪恶的根源，而艺术是反抗暴力最有力的武器。他试图用艺术去重建一种信仰，重建人与人、人与物和人与自然的关系。博物馆展出其作品包括"20 世纪的终结（The End of the 20th Century）"、"电车站台，一个未来的纪念碑（Strassenbahnhaltestelle. A Monument to the

Future)"（图5）、"一个新社会的矫正（Richtkraefte einer neuen Gesellschaft)"、"动物油脂（Tallow)"（图6）。他曾经在战乱中颅骨、肋骨和四肢全部折断，被当地的鞑靼人救回并依靠动物油脂和毛毡存活下来。他的经历让他在作品中大量使用这些材料，体验其作品，很容易感受到强烈的悲怆，就像是撕开了历史的一页。

图5　图6

时下正在博物馆内进行的特展之一是迈克尔·博伊特勒（Michael Beutler）的个展，名为"莫比敌（Moby Dick)"。展览的名字来源于美国作家赫尔曼·梅尔维尔（Herman Melville）的小说《莫比敌（Moby Dick)》，中文译名《白鲸记》，在小说中通过捕鲸人与鲸鱼的斗争，探讨着生命、大自然、人性、生与死等深刻的哲学命题。

展览设置在博物馆占地面积最大的主展览厅"Historic

Hall"；进入展厅，参观者置身于一个看似杂乱无章的世界。艺术家利用一些经过工业生产、加工的材料，例如纸、金属、木头或者塑料，通过塑形把它们制作成具有建筑特点和元素的构筑物（图7）。一些构筑物还具有功能性，例如展厅中间的圆形帐篷状物体。由金属制作成网格作为骨架，白色的薄纸贴在网格之上，下方开有入口，上方开有窗；内部设有固定的环形座椅，利用传动装置让整个构筑物围绕中轴逆时针旋转。参观者处于座椅之中时，周围环境向后倒退，便会产生自己正在前进，如同正在乘坐旋转木马一样的错觉。

图7

展览从2015年4月17日开始，至2015年9月6日结束。在此期间，艺术家和工作团队在每个月的第一个星期来到展览场地，继续创作作品。因此，参观者看到的作品都处于未完成而将要完成的阶段，是整个作品的某个片段。艺术家通过这种方法把展厅"Historic Hall"变成了展览的主角,并把它转化成了"持续生产"的发生地点,也可以称之为"博物馆工作坊"。展厅同时具有生产中心和展示区域的身份,使得参观者能够从头至尾体验到作品创作的全过程,这也是艺术家作品的概念之一。

艺术家迈克尔·博伊特勒出生于 1976 年,曾在法兰克福求学,现居柏林。迈克尔的装置作品占据并转化空间,通过一些具有雕塑性质的构筑物让参观者注意到一些新的观念、新的艺术创作策略和手法。他通常利用多种物质来制作作品,来表达对于建筑和社会结构的一种反思,也表达对于作品所处的特定空间的思考。

迈克尔的另一个核心创作概念是对于工业生产过程的分析,同时包含了他对于使用的材料和使用方式的特殊态度。

博物馆一层南侧名为"黑山,一次跨学科的实验 1933-1957(Black Mountain, An Interdisciplinary Experiment 1933-1957)"特展。在马克思的藏品展中,两件赛·托姆布雷和罗伯特·劳森伯格的作品(图8、图 9)分别创作于 1951 年和 1952 年,创作地点皆为黑山学院 (Black Mountain College)。黑山学院位于北卡罗莱纳州,存在于 1933 年至 1957 年,是美国以引

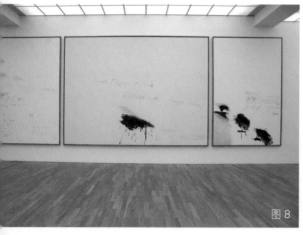

图8

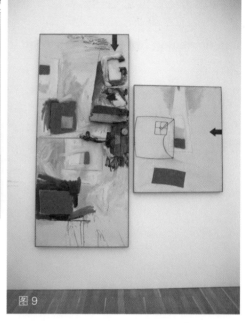

图9

领革新而著名的学府，造就了美国数位非凡的前卫派
先锋艺术家。在此次展览中展出了黑山学院的学生作
品，而黑山学院作为跨学科实践的成功范本，在德国
艺术馆展出尚属首次。

汉堡火车站当代艺术博物馆作为历史建筑改造的博物
馆，由火车站台改造成为的展览空间充满着工业的气
息，给艺术空间增加了独特的氛围，吸引了大量先锋
的艺术家在此举办展览；历史文化内涵更让身处其中
的参观者拥有奇妙的参观体验。

杜塞尔多夫 K20 美术馆

Kunstammlung Nordrhein-Westfalen

徐亮

这家艺术馆的官方叫法不太好记：杜塞尔多夫格拉布广场旁的北威州艺术馆（Düsseldorfer Kunstsammlung Nordrhein-Westfalen am Grabbeplatz）。"K20"这个简称反而更加脍炙人口，意指"20世纪的艺术"（Kunst im 20. Jahrhundert），该馆收藏大量克利（Paul Klee）、毕加索（Picasso）、恩斯特（Ernst）、博伊斯（Beuys）等古典现代派大师的作品。

建筑

美术馆旧馆由阿恩·雅各布森（Arne Jacobsen）

设计 , 1986 年建成。为了整修和扩建 2000m² 场馆，这座享有盛誉的美术馆关闭了两年，选择 20 世纪 80 年代设计建造了旧馆的哥本哈根 Dissing+Weitling 建筑事务所来负责扩建工程。

丹麦人设计扩建的两座挑空大厅在外观上完美地匹配了美术馆优雅的弧形黑色光滑花岗石外立面，这样整座建筑体现出统一的建筑风格。对设计师而言，创造富于活力且功能多样的空间尤为重要，无论是经典的收藏品还是新媒体都能在其中获得很好的展示。

经过两年的翻新扩建，K20 美术馆于 2010 年重新开幕，它以全新的面孔与公众见面。

艺术

在艺术界该艺术馆也被称为"秘密国家画廊"（heimliche Nationalgalerie）；能得此殊荣，还要感谢去世不久、具有传奇色彩的维尔纳·施马伦巴赫（Werner Schmalenbach）。从 1962 年到 1990 年退休，他是这座新成立的北威州艺术馆的首任馆长。施马伦巴赫构建了 K20 最重要的收藏，囊括了毕加索（Pablo Picasso）、马蒂斯（Henri Matisse）、乔治·布拉克（Georges Braque）和莫迪利亚尼（Amedeo Modigliani）等大师的作品，此外还有波洛克（Jackson Pollock）、沃霍尔（Andy Warhol）和劳森伯格（Robert Rauschenberg）等人的作品。

他曾因不购买"新怪诞派"（"Neue Wilden"）的作品而受到诟病，对当代艺术没有好感，除非某件作品显示出"非凡的特质"，把他"彻底征服"，让他"哑口无言"，他才会将其列入收藏。

在施马伦巴赫之后，茨魏特（Armin Zweite）接任馆长，他购买的作品中有很多来自当代艺术家，如里希特（Gerhard Richter）、博伊斯（Joseph Beuys）及摄影师贝歇尔夫妇（Bernd and Hilla Becher）。2002 年，在他的领导下，"K21"馆即 21 世纪的当代艺术收藏馆开放。2009 年茨魏特离职，他将其归咎于 K20 收藏馆扩建工程的延期。

现在，此前担任斯图加特艺术博物馆（Kunstmuseum Stuttgart）馆长的阿克曼（Marion Ackermann）接任，并领导了整饬一新的艺术馆的规划布置工作。阿克曼重新规划了馆藏，取消了 K20 馆中的现代艺术作品和 K21 馆中的当代艺术作品之间严格的划分，不过这并不是说两馆中的作品会合在一处展出。经典作品仍然挂在重新装修后的旧馆的上层，当代作品挂在中间部分。

在艺术馆外侧紧邻保罗 - 克里广场（Paul-Klee-Platz）的墙上，英国女艺术家莫里斯（Sarah Morris）用彩色琉璃瓦创作了一副约 $180m^2$ 的壁画。在艺术馆楼上的小咖啡馆里，丹麦设计师雅各布森（Arne Jacobsen）设计的蚂蚁座椅被荷兰艺术家凡·利斯豪特（Joep van Lieshout）设计的箱型彩色家具所代替。各任馆长为它配备了大量书籍，将之定位为一个"文学咖啡馆"。

特展

这个暑假，杜塞尔多夫 K20 美术馆里最吸引人的莫过于米罗特展。2015 年 6 月 13 日 -9 月 27 日，"米罗：以画为诗（Miro: Malerei als Poesie）"展览将众多世界著名的米罗作品汇聚一堂，供大家欣赏。

以神秘的符号、跳舞的天体和顽皮的人物而闻名，胡安·米罗（Joan Miro 1893-1983）无疑是 20 世纪最有创造性和为人们所喜爱的艺术家之一。米罗在表面上看似无忧无虑的图像世界，实际上隐藏着很多的可能性。

至今为止，米罗对于文学和诗歌的毕生追求，以及他与那个时代文学大家之间的友谊却鲜为人知。这是有史以来第一次，与汉堡的布策里乌斯艺术论坛合作，全方位地探索了文学对米罗作品的影响，以及他对那个时代作家产生的影响。现已重建为阅览室的米罗私人图书馆为此次展览提供了大约 110 幅绘画作品和他所有富有创造力时期的书籍。一些欧洲和美国著名的公共和私人收藏家也慷慨解囊，支持本次展会。

该展是首个关注米罗和文学联系、与 20 世纪重要作家友谊的展览，展示了米罗如何玩乐般对待文字和图像，却表现出了绘画象征。文字和图像是超现实主义至关重要的因素，超现实主义不像立体主义那样处理现实的暗示，超现实主义画家认为文字触发了联系。米罗的影响更确立了这种认识。

他的作品鼓舞了年轻的画家伙伴勒内·马格利特和安德烈·布勒东，这两位都是超现实主义的权威画家。正如米罗的灵感来自于文学作品那样，他的作品也启发了诗人，米罗和他的作家朋友们一起创造了许多合作项目。

"米罗：以画为诗（Miro: Malerei als Poesie）"展览为我们提供了一个前所未有的角度来重新审视米罗的作品，洞察诗歌和文学对这位除去毕加索外西班牙最知名的现代艺术家所形成的多方面影响。

提示

由于维修工程和重新布展，目前 K20 美术馆的展厅部分关闭。直到 9 月 27 日，现代艺术大家的杰作都将陈列在 K20 的二楼。从表现主义，立体主义到超现实主义，以及艺术家康定斯基（Wassily Kandinsky）、毕加索（Pablo Picasso）、蒙德里安（Piet Mondrian）、费尔南·莱热（Fernand Léger）、弗朗西斯·培根（Francis Bacon）、让·杜布菲（Jean Dubuffet）、贾科梅蒂（Alberto Giacometti）、阿诺尔夫·伦纳（Arnulf Rainer）等多幅作品将在那里展出，观众可从"米罗：以画为诗"的展厅里前往。从 9 月 29 日起，K20 美术馆一楼和二楼的所有展厅都将彻底关闭大约 6 个星期。

法兰克福现代艺术博物馆

樊怡君

当代艺术之旅在法兰克福的第一站便是现代艺术博物馆（Museum fur Moderne Kunst，简称MMK）。这座由1985年普利兹克奖得主汉斯·霍莱因（Hans Hollein）于1983年设计的博物馆，无论从建筑本身还是内部展览来讲都是可圈可点的佳作。

博物馆位于法兰克福老城区入口处的一块三角形基地内，由于建筑形态与基地地块的高度统一被戏称为"一块蛋糕"，而这样紧凑又完整的体量刚好弥补了城市图底在这一块的空缺。周边沿街是建于各个不同年代的建筑，但整个界面与城市肌理却也完整而连续。无论从形体的控制还是立面色彩的表达，霍莱因的现代艺术博物馆都可以说全面照顾到了与周边建筑的关系。身处老街区之中，建筑师以一种简单纯粹的外部面貌充分回应了对老建筑的尊重，而这也正是欧洲建筑对待旧街区及其环境的一贯态度。

建筑入口位于南侧一角，面向旧城中心。门前立柱下的灰空间将人们一步步引入室内，接而开启了一段欢腾错综的内部空间序列。如果说其外部是对旧城市的

让步，那其室内便是对传统城市元素的融合与重塑。整个博物馆围绕着中心的采光大厅而展开，其余部分以多个"节点"空间为主体，然后通过不同的"路径"将主体联系起来，从而组成整个博物馆的展示空间。这样的室内空间单元可以看作是中世纪欧洲城市空间的基本要素——"广场"和"街道"的变体。"节点"空间源自欧洲传统的城市广场，形式多样，尺度也千差万别，他们位于博物馆内的不同标高处，开放或封闭；而"路径"则取自于传统的街道空间，蜿蜒曲折、步移景异，将各个空间节点都联系了起来，并使空间产生无限的延伸感。在博物馆中，这两种空间元素的重组创造出一种

新的丰富体验：在节点与路线的交织中，可以强烈地感受到行进与间歇的节奏韵律，然而在竖直纵向上看，由于错层与通高空间的叠合，为室内流线行进途中增添了极为丰富的视线交流。从这一层面来看，霍莱因的现代艺术博物馆所呈现的并非传统的室内功能分区的组合或拼接，而是一种对外部传统城市空间秩序的转译与再创造。通过这样的空间塑造方式，博物馆的室内与外部的城市通过入口空间自然地衔接到了一起，而建筑本身由外到内的转化也表现出了建筑师对传统的解读与诠释。此外，二层大展厅所采用的透明玻璃幕墙，同样将人们的视线与博物馆外的城市景观关联了起来，使建筑的室内空间构思与城市空间得到了全面意义上的呼应。

在老城区封闭的街区中，我们穿越蜿蜒的街道，在各个内院与广场驻足，这一切不规则的空间景观所带来的丰富体验在法兰克福现代艺术博物馆中以一种现代化的语言再现了出来。与此同时，世界各个大师的艺术作品也在这里登台。从雕塑到照片、到影像、到声音，既是形式的多样展示，更是思想的碰撞搏击。

不出意料地在这里又见到了博伊斯（Josepn Beuys）的名字。在这里展示了他的两件作品：一件是颇具他个人特征的"闪电下的眩光雄鹿"，为了布置这件巨大的作品，博物馆的设计和建造过程还曾做过特别的调整。散落一地的、支离破碎的鹿的肉体，以及倒挂在人们面前的巨大后肢……一只已不成形的、焦黑的雄鹿雕塑使每个到达这里的人为之震颤。博伊斯再次用他所惯用的动物形象来向人们传达他对自然的思考。作品中所蕴含的暴怒、死亡与悲惨都成为了博伊斯有力的语言，引人深思。而除此之外的另一件声音装置，让我们在此感受到了另外一种撞击：一种是与非的纠缠，真与假的辩驳。装置名为"Ja Ja Ja Ja Ja Ja，Nee Nee Nee Nee Nee"（是是是是是，否否否否否），安装在墙上的四个不起眼的小音箱中，交替响起"Ja Ja Ja Ja Ja Ja，Nee Nee Nee Nee Nee"的声音，此起彼伏，不绝于耳。声音低沉而绵转，好似一种呢喃，却又略带一丝争辩。装置尽可能地消隐在墙体之中，排除了一切感官可能带来的干扰，唯有听觉是感受作品的唯一通道。然而在这一场诉说中，没有旋律，也没有词语，甚至找不到固有的节奏，仅存的便是这"是是是是是，否否否否否"的争相涌动，给人剪不断理还乱的愁思，更是不眠不休无法摆脱的纠结。这件博伊斯于1968年创作的装置，是他对于用声音来表现作品的重大尝试，更重要的，体现了他对社会、生活与艺术关联的思考。这种人们日常经常出现在脑海里的小人斗争，被淋漓尽致地展现了出来。

另一位与博伊斯同时代的美国艺术大师——安迪·沃霍尔（Andy Warhol）的作品也在此展出。沃霍尔的

艺术与第二次世界大战后美国商业的迅速崛起有着紧密的联系。因此与博伊斯不同，他的艺术创作的手法主要依靠复制而非雕塑与绘画。展品"Thirty-five Jackets（三十五件夹克衫）"与"Green Disaster #2（绿色车祸二号）"便是这一创作手法的绝佳体现。因此机械成为了他主要的创作工具，甚至于他将自己也看作是一台机器，为了生产产品而进行着不断的复制。这种不断的复制与快速大量生产的模式所展示的正是现代社会生活中所普遍存在的一种生活惰性。把商业和艺术紧密结合一直是美国艺术区别于欧洲大陆传统艺术的最大特点。正如他在《沃霍尔的哲学》中说的那样，"赚钱是一种艺术，工作也是一种艺术，最赚钱的买卖是最佳的艺术"[1]。 沃霍尔所复制的大多都为我们日常所熟知的事物，正如他作品中所选择的夹克衫、人像，或是某新闻的剪贴、复制与排列使这些意向不断地刺激人们的视觉与大脑，从注意到思考再到最终的淡漠，这一系列的感知正如我们在商品经济刺激下的日常。"这些以复制作为手段的作品，主题被置换在不同的鲜艳的背景下，原义被消解成无数个他义，最终导致了无意义"[1]。这便正如沃霍尔自己所言："我的画面就是它的全部含义，再没有另一种含义在其表面之下。"

[1]《德国萨满师遇到美国波普教父》——吴士新——艺术评论——2014年1月

除此之外诸如艾未未的"鬼谷下山"对青花瓷的别样
呈现，还有西蒙·斯塔林(Simon Starling)的作品"南
京粒子"的独特造型，以及其他许多引人入胜的影像
装置作品都是现代艺术博物馆中的经典。在这些艺术
作品中，我们倾听到来自世界各地的思想声音，以及
对社会方方面面的认知与再现。无论是对过去的纪念，
还是对现世的思考，抑或是对未来的畅想，所有艺术

所带给我们的体验与反思都将是我们前进的动力。

法兰克福现代艺术博物馆作为城市文化保存与传播的重要载体，在建筑与展品的双重层面都给予了我们莫大的启发。在这样一段行程之后，对历史、对环境、对生活，我们都将有新的认识与思考。

路德维希博物馆

Museum Ludwig

曾鹏程

路德维希博物馆位于莱茵河畔，紧邻科隆大教堂。该博物馆建于 1976 年，德国著名的艺术资助人彼得·路德维希夫妇先后给这家博物馆捐赠了 774 副毕加索的作品，该博物馆是除了巴黎毕加索博物馆和巴塞罗那毕加索博物馆外，收集毕加索作品最多的博物馆。同时还收藏了大量的现当代艺术作品，收藏有欧洲数量最多的波普艺术作品，有很多最优秀的德国表现主义作品，有俄罗斯先锋派艺术的杰出作品，同时也非常关注非洲、亚洲以及拉丁美洲的艺术家群体，收藏有徐冰、蔡国强等艺术家的一些作品。该博物馆还收集了前一个半世纪以来的摄影作品，是世界上最大的历史图片和照相机博物馆。经过几十年众多人的努力，路德维希博物馆成为欧洲最优秀的现当代艺术博物馆之一。

我们到达路德维希博物馆时，除了很多永久性藏品正在展出外，该博物馆还在特别展出越南年轻艺术家冯丹（Danh Võ）的一些作品。在这里，我们看到了奥托·迪克斯（Otto Dix）、马克斯·贝克曼（Max Beckman）、康定斯基（Wassily Kandinsky）、乔治·

格罗兹（Georye Grosz）、毕加索（Picasso）、安迪·
沃霍尔（Andy Warhol）、克拉斯·欧登伯格（Claes
Oldenbarg）、劳森伯格、格哈德·里希特（Gerhard
Richter）、赛·托姆布雷（CY Twombly）、A.R. 彭克、
罗伯特·莫里斯（Robert Morris）、卢齐欧·封塔纳
（Lucio Fontana）、徐冰等许多著名艺术家的作品，
尽情享受了一场艺术盛宴。

路德维希博物馆在建筑、艺术、艺术教育等方面都做
得非常优秀，有很多值得我们学习、思考的地方。

路德维希博物馆鸟瞰

博物馆建筑

路德维希博物馆新馆由德国著名建筑师翁格尔斯（O. M. Ungers）设计，后期结构修改由 Bus-mann + Haberer 建筑事务所主持。

路德维希博物馆位于科隆大教堂唱诗班和罗马－日耳曼博物馆的东部与莱茵河之间的区域。长条状的形体有效地回应了科隆大教堂，使得 26 万 m^3 的体量在这种环境中不显得突兀。

建筑内部主要依靠侧向的长窗和屋顶的天窗采光，不同对景采用不同的玻璃，营造了博物馆内部特殊的光线。在博物馆中穿行，除了欣赏一件件杰出的艺术作品，还能在某个转角的长窗中偶然看到科隆大教堂，教堂

① ②

1－ 路德维希博物馆内部楼梯
2－ 路德维希博物馆内部独特的采光方式

自然地与这座建筑产生了对话。

艺术

在这次参观的路德维希博物馆的常规展览中，我们看到了许多大师的作品，从绘画到雕塑作品、装置艺术，形式多样，呈现方式也非常丰富。许多杰出的作品让我们更深刻地了解到了艺术家们所关注的问题和所要表达的观念，收获颇丰。博物馆正在举办的特展，为我们呈现了当代一些年轻艺术家的作品，与作品近距离的接触使我们感受到了艺术品所能带来的震撼！

1. 常规展览

这次的常规展览中，有德国新客观派大师乔治·格罗兹和奥托·迪克斯、抽象绘画的先驱康定斯基、超现实主义大师达利和马克思·恩斯特、美国极简主义代表巴内特·纽曼以及抽象表现主义大师赛·托姆布雷等杰出艺术家的绘画作品，有瑞士超存在主义雕塑大师贾科梅蒂、瑞典公共艺术大师克拉斯·欧登伯格的雕塑作品及极少主义始祖卢齐欧·封塔纳的代表作，有德国著名艺术家格哈德·里希特、A.R. 彭克、伊萨·根泽肯（Isa Genzken）、美国现代主义先锋派著名艺术家罗伯特·莫里斯、美国波普艺术代表劳森伯格、波普艺术领袖安迪·沃霍尔等的装置作品，还有一些优秀的历史照片。

（1）德国新客观派大师奥托·迪克斯和乔治·格罗茨

展馆中收藏的奥托·迪克斯的画是 1921 年创作的，还非常写实。第二次世界大战后，迪克斯摒弃了写实方法而以明确的表现主义进行创作。

① ②
③

1– 奥托·迪克斯《Portrait of Dr.Hans Koch》,1921
2– 乔治·格罗兹《Portrait of Dr.Eduard Plietzscl》1928
3– 康定斯基《Sharp–Quiet Pink》,1924

（2）抽象绘画的先驱康定斯基

康定斯基在艺术理论和艺术创作的发展中都做出了很
大的贡献。他认为艺术必须关心精神方面的问题而不
是物质方面的问题，是抽象绘画的先驱之一。在路德
维希博物馆收藏的这幅画中，康定斯基通过线条和色
彩的运用，表达空间和运动，不参照任何自然可见的
东西，表明一种精神上的反应。

（3）超现实主义大师达利（Salvador Dali）和马克思·
恩斯特（Max Ernst）

超现实主义绘画是西方现代文艺中影响最为广泛的运
动之一，萨尔瓦多·达利是第二代超现实主义画家的
代表，他的作品把怪异梦境般的形象与卓越的绘图技
术结合在一起，来表现一个完全违反自然组织与结构
的生活环境。路德维希博物馆中所收藏的达利的这幅
作品给我很强的失重感，巨大的画幅和鲜艳的色彩很
容易便将参观的人们带入到艺术家想象中的幻境里。

马克思·恩斯特被誉为"超现实主义的达·芬奇"，
他在达达运动和超现实主义艺术中，均居于主导地位。
他的作品常常展现出丰富而漫无边际的想象力。路德
维希博物馆里的这幅恩斯特的作品最吸引我的是，在
一个仿佛梦境般的场景中，将小孩被打后的红屁股刻
画得细致入微，而其他部分则不是那么写实，画面充

满戏剧性和故事性，这种创作方式很有趣。

（4）美国极简主义代表巴内特·纽曼（Barnett Newman）

纽曼的作品特点就是在巨大的画面上涂抹强有力的单一色
彩，中间有线条成垂直或水平方向通过画面，或者在平面

1– 萨尔瓦多·达利，《The Station
of Perpignan》, 1965
2– 马克思·恩思特，1926《The
Virgin Chastising the Christ Child
before Three Witnesses》

背景中仅画一根或两根垂直的线条。路德维希博物馆收藏的这幅作品中，仅一根竖向的线条，两种颜色，画面简洁到甚至连笔触都看不到，简洁、纯粹的画面展现了艺术家的创作理念。

巴内特·纽曼，《Midnight Blue》，
1970

（5）抽象表现主义大师赛·托姆布雷（CY Twombly）

赛·托姆布雷是 20 世纪后半期最有影响的艺术家之一，他的风格是抽象表现主义、极简主义和波普艺术的结合，他最广为人知的就是涂鸦抽象作品。路德维希博物馆的这幅作品，打破了素描和油画之间的界限，大胆鲜明地引用颜色，消解了传统绘画对形的刻画，表达了艺术家对艺术和绘画表现的理解。

（6）瑞士超存在主义雕塑大师贾科梅蒂

贾科梅蒂的雕塑呈现出典型的特色：孤瘦、单薄、高贵及颤动的诗意气质。路德维希博物馆里的这件雕塑作品形象瘦削，表达了被战火侵蚀的人体

（7）瑞典公共艺术大师克拉斯·欧登伯格（Claes Oldenburg）

波普艺术巨匠之一克拉斯·欧登伯格，善于将日常的生活物件巨大、柔软化，打破了以往雕塑纪念碑式的形式而具有了某种幽默感，让人们认识到雕塑是快乐的东西。路德维希博物馆将其收藏的欧登伯格的作品放在一个展厅里，巨大而柔软的灯开关、穿着鞋子的绿腿、膝盖等作品无一不是他创作手法的展现，给人以很强的震撼。

（8）极少主义始祖卢齐欧·封塔纳（Lucio Fontana）

封塔纳最为人知的艺术贡献在于其一系列"割破的"画布。他因此成为极少主义的始祖。路德维希博物馆里这件作品径直割破空白画布，打破了观者视线占据的画面，通过画布本身，通往其后的空间，在一维的一个空间里唤出了无限的可能。

（9）德国著名艺术家 A.R. 彭克（AR Penck）、格哈德·里希特（Gerhard Richter）、伊萨·根泽肯（Isa Genzken）

博物馆中展出了德国著名艺术家 A. R. 彭克的两件作品，一件

①

② ③

④

1- 贾科梅蒂《 Le Nez 》, 1974

2-《 Giant Soft Swedish Light Switch 》, 1966

3-《 Green Legs with Shoes 》, 1961

4- 卢齐欧·封塔纳 《Spatial Concept:Expectaions 》,1961

装置作品，一幅巨幅的画作。装置作品《乘数》仿佛
一个一环扣一环的怪物，似乎有着无限生长的可能。
巨幅的画作则宣泄着一种原始的对于社会关系的情绪，
其中关于性和权力，政治和教会，生命与死亡。

德国著名艺术家哈德·里希特自诩波普艺术家，他的
创作在不断地进行各种各样的尝试，抽象绘画、基于
照片的写实作品、具有极少主义倾向的绘画与雕塑作
品等，形式非常多样。路德维希博物馆里收藏展出的
两件作品是基于照片的写实作品，这两个装置用虚化
和失焦的方式处理画面使场景具有了某种超现实主义

① ②

1-A.R. 彭克，
《Multiplikator》,1995
2- 格哈德·里希特，《11
Scheiben》, 2003

1– 格哈德·里希特,《Ema (Nude on a Staircase)》, 1966
2– 伊萨·根泽肯《Venice》,1993

的色彩。

德国艺术家伊萨·根泽肯擅长于运用各种材料,在大空间和公共领域创作作品,来弥补空间本身的缺陷。

(10)美国波普艺术代表劳森伯格(Robert Rauschenberg)、安迪·沃霍尔(Andy Warhol)

20 世纪 50 年代抽象主义的兴盛期,劳森伯格将达达艺术的现成品与抽象主义的行动绘画结合起来,创造了著名的"综合绘画",从此走向波普艺术的开端。路德维希博物馆里展出的这件劳森伯格的装置作品,用多重玻璃圆盘创造出了一种万花筒般的眼花缭乱的效果,似乎在隐喻瞬息万变的现代社会。

安迪·沃霍尔是波普艺术的倡导者和领袖,也是对波普艺术影响最大的艺术家。他大胆尝试凸版印刷、橡皮或木料拓印、金

 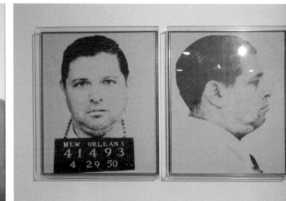

箔技术、照片投影等各种复制技法。路德维希美术馆收
藏有很多安迪·沃霍尔的作品，这些作品都是以一种东
西作为基本元素进行重复，将平凡的形象罗列出来，有
些单调、无聊的重复，似乎在传达高度发达的商业文明
社会中，某种冷漠、空虚、疏离的感觉。

2. 特展

路德维希博物馆是德国第一个为越南年轻艺术家冯丹
（Danh Võ）办特展的博物馆。这位年轻的艺术家因其作
品《我们即民众》而博得世界范围的关注，这件作品是
艺术家最为知名的长期作品，意图重塑自由女神像。路
德维希博物馆里展出的是这个复制品中最大的一块，这
件展品也是艺术家为了这次特展而最新创作的。

3. 艺术交流、教育

路德维希博物馆中有艺术图书馆、艺术实验室等基础
设施，为市民、儿童提供了一个很好的艺术学习的场所。

路德维希博物馆中的
"艺术实验室"，可供
儿童自由填色、创作

旧绘画陈列馆

何星宇

Alte Pinakothek

展馆概况

德国慕尼黑的艺术区（Kunstareal）中分布了众多的画廊和艺术展览馆，其中最负盛名无疑是作为世界六大美术馆之一的旧绘画陈列馆（Alte Pinakothek）。所谓"旧"意指其收藏的艺术藏品所属时期，囊括了众多的早期绘画大师的作品。与之相对的是同样位于艺术区的新绘画陈列馆（主要涵盖了 19 世纪的艺术作品）以及新建成不久的现代艺术馆（藏品主要为现当代艺术和设计）

展馆建筑历史及特色

1826 年，巴伐利亚王国路德维希一世（King Ludwig I of Bavaria）为了为使分散在不同的宫殿里的艺术珍品提供一个集中展览的场所，同时出于让公众能接触王室藏画的大众教育理念的需要，下令建筑师利奥·冯·克伦泽（Leo von Klenze）在慕尼黑北郊设计一座美术馆。绘画陈列馆于 1836 年秋建成并正式对公众开放，建成时就是世界上最大的博物馆建筑。陈列馆建筑平面组织清晰，外部形式与内部功能紧密结合，宏伟的主展厅以顶部天窗方式采光，北侧设有漫反射采光方式的附属性展厅，在理念和技术上对于当时在19世纪初流行的宫殿式的博物馆来说都是一种巨大的革新，成为后世欧洲众多博物馆建筑的典范。

展馆在第二次世界大战期间多次遭受轰炸，建筑中部损毁严重。1952年至1957年间，汉斯·德尔加斯特（Hans Döllgast）主持修复。他并没有只是简单地还原旧貌：在建筑内部，根据废墟调整平面，把东厢的主入口移至南侧，增设楼梯和敞廊并重新组织交通流线；而在建筑外部，用裸砖进行立面中部的重建，使得修复后的建筑在立面上依然保留破坏的痕迹。尽管公众对这一做法仍有争议，文物保护专家则将其视为典范。

如今展馆共两层，主要展区位于二层。展览依据地区和年代分类，画作按照大小和重要性分别陈设于以罗马和阿拉伯数字标记的展厅和展室。2008至2009年依靠私人赞助为上层主展厅内墙添置了里昂丝绸织就的红绿两色软包墙面，这是自19世纪以来众多欧洲画廊展示早期绘画作品的主要方式，传统再次得以延续。

馆藏作品

绘画陈列馆处于巴伐利亚州绘画收藏机构的管理之下，整个机构拥有着数千幅从13～18世纪欧洲绘画作品的丰富库藏。尤其是其中早期意大利、旧德国、荷兰以及佛兰德的作品在世界绘画史上有着重要的地位。

其中大约有 800 幅作品被收藏和展出于旧绘画陈列馆。由于历史原因藏画中留有历代君主个人爱好烙印，因而在某些方面表现突出，另一些方面则有明显缺憾。展馆中主要的展品按地区分类包括和其中代表性作品如下：

（1）14 至 17 世纪德国绘画

旧绘画陈列馆拥有世界上最大的德国文艺复兴绘画收藏。其中阿尔布雷特·丢勒（Albrecht Dürer）的收藏是首屈一指的，涵盖了他各个画种的代表作；阿尔布雷希特·阿尔特多费尔（Albrecht Altdorfer）的《亚历山大之战》也是他全部历史画中最杰出的一幅；老卢卡斯·克拉纳赫（Lucas Cranach der Aeltere）的画作则偏向天主教题材，新教题材较少；老汉斯·霍尔拜因（Holbein）的大幅油画也十分罕见。

① ②

1– 阿尔布雷特·丢勒，丢勒皮装自画像，1500

2– 阿尔特多费尔，亚历山大之战（伊苏斯战役），1529

（2）14 至 16 世纪早期的早期尼德兰艺术

老绘画陈列馆中收藏的早期尼德兰艺术是世界上最珍
贵的藏品之一。

罗吉尔·凡·德尔·
维登（Rogier van
der Weyden），哥
伦布教堂三联祭坛
画：三王来朝，约
1455

（3）17 世纪荷兰绘画

维特尔斯巴赫王朝的统治者收集
的重点是荷兰巴洛克绘画。

（4）16 至 17 世纪佛兰德斯绘画

藏品在中央大厅中展出，其中鲁
本斯特藏是世界上长期展出的鲁
本斯收藏中规模最大的，全面地
展示了画家一生风格的嬗变，其
中《最后的审判》是老绘画陈列

① ②

1– 吉拉德·特
鲍赫，替狗挑
虱子的少年，
约 1655
2– 伦勃朗
（Rembrandt
Harmenszoon
van Rijn），伦
勃朗自画像，
1629

馆中展出的最大的一幅画。

① ② 1– 老彼得·勃鲁盖尔（Bruegel Pieter），懒鬼乐园，1566
2– 鲁本斯（Peter Paul Rubens），强劫留西帕斯的女儿，约 1618

（5）13 至 18 世纪意大利绘画

由于历代君主，特别是路德维希一世热爱意大利绘画且品味不凡，藏画囊括了哥特时期到文艺复兴和巴洛克时期的所有流派的精品。

③ ④

3– 拉斐尔·桑西（Raffaello Santi），卡尼吉亚尼圣家族，约 1505
4– 丁托列托（Jacopo Robusti Tintoretto），火神捉奸，1555

（6）17 至 18 世纪法国绘画

尽管维特尔斯巴赫王朝与法国关系密切，但是法国绘
画数量偏少，流派也不全。

① ②　1– 弗朗索瓦·布歇（Francois Boucher），蓬帕杜尔夫人，1756
2– 尼古拉斯·普桑（Nicolas Poussin），弥达斯和酒神，约 1624

（7）16 至 17 世纪西班牙绘画

虽然西班牙绘画在老绘画陈列馆中数量
最少，但是所有大师的作品均有收藏，
其中格列柯（El Greco）和委拉斯凯兹
（Velazquez）作品数量比较少，牟利罗
（Murillo）的作品虽然也不多但收藏有
代表作《吃葡萄和甜瓜的乞儿》，戈雅
（Goya）则被纳入新绘画陈列馆。

牟利罗，吃葡萄和甜瓜的乞儿，
约 1650

新绘画陈列馆

Neuc Pinakothek

何星宇

展馆概况

与旧绘画陈列馆一样，新绘画陈列馆（Neue Pinakothek）位于慕尼黑的艺术区（Kunstareal）并且与前者毗邻，主要收藏 18 世纪和 19 世纪欧洲艺术品，是世界上最重要的收藏 19 世纪艺术品的美术馆之一。

展馆建筑历史及特色

新绘画陈列馆最初为巴伐利亚国王路德维希一世（King Ludwig I of Bavaria）于 1853 年所设立，由建筑师弗里德里希·冯·格尔特纳（Friedrich von Gärtner）和奥古斯特·冯·沃特（August von Voit）负责建造。建筑坐落于旧绘画陈列馆的对面，作为展示国王所收藏的当代绘画的画廊而使用，旨在能由此促成自己所处时代的艺术和古典绘画大师之间的一种对话。

然而，最初的建筑实际上已在二战中被严重炸毁，废墟于 1949 年被推平，今天的新绘画陈列馆实际上是由建筑师亚历山大·冯·布兰卡（Alexander von

Branca）后来于原址上重新设计建造的产物。新的陈列馆建筑本体为混凝土结构，石材立面，有大量诸如拱形窗、拱心石、凸窗等借鉴古典形式的元素。尽管评论家对新陈列馆后现代主义的外部风格褒贬不一，其内部多样化并具有良好采光设计的序列空间由于充分满足了艺术作品的展示需要，因此毫无疑问仍被认为是战后德国最经典的博物馆建筑之一。

馆藏作品

和旧绘画陈列馆一样，新馆同样处于巴伐利亚州绘画收藏机构的管理之下，整个机构拥有着超过 3000 幅从古典主义到新艺术远动期间的艺术作品。其中大约有 400 件的绘画和 50 件左右的雕塑作品在新绘画陈列馆中展出。展馆中主要的展品按地区、主题分类，其中包括的代表性作品如下：

（1）18 世纪下半叶的国际主义绘画

包括了弗朗西斯科·戈雅、雅克·路易·大卫、安东·格拉夫和约翰·弗里德里希·奥古斯特·蒂施拜因等艺术家的作品。

I. 弗朗西斯科·戈雅，胡赛·克拉尔特作为
西班牙军医画像，1802
II. 雅克·路易·大卫，安妮·玛丽·路易丝
伯爵夫人画像，1790

（2）18 世纪和 19 世纪初的英国绘画

是英国本土外最大规模的收藏之一，包含了托马斯·
庚斯博罗、威廉·霍加斯、戴维·威尔基、约翰·康
斯太勃尔、约书亚·雷诺兹、托马斯·劳伦斯、乔治·
罗姆尼、理查德·威尔逊、亨利雷·伯恩、乔治·斯
塔布斯和约瑟夫·玛罗德·威廉·透纳的绘画作品

I. 约瑟夫·玛罗德·威廉·透
纳，奥斯坦德，1884

（3）在罗马的德国画家的古典主义绘画

代表性的画家有弗里德利希·奥韦尔贝克、弗里德里
希·威海尔姆·冯·沙多、海因里希·玛丽亚·冯·赫斯、
皮特·冯·赫斯和彼得·冯·科内利乌斯。

（4）德国浪漫主义绘画

代表性的画家有卡斯帕·大卫·弗里德里希、卡尔·
弗里德里希·申克尔、卡尔·罗特曼、约翰·弗里德

利希·奥韦尔贝克和卡尔·布勒齐。

需要特别关注的是其中卡尔·罗特曼的作品，他是路德维希一世最青睐的风景画家，两度受到国王的委托完成慕尼黑皇宫庭院的拱廊壁画，分别取材于德国本土和意大利，总计 23 幅。而后，这些作品被移至重建的新绘画陈列馆中的一个专属展厅中展出。

I. 卡斯帕·大卫·弗里德里希，雷森加伯格山雾景，1884
II. 卡尔·罗特曼，马拉松，1847

（5）毕德麦雅时期（Biedermeier）绘画

代表性的画家有朗兹·克萨韦尔·温特哈尔特、卡尔·施皮茨韦格、莫里茨·冯·施温德和费尔迪南德·乔治·瓦尔特米勒。

I. 卡尔·施皮茨韦格，穷诗人，1839

（6）法国现实主义和浪漫主义绘画

代表性的画家有代表画家有欧根·德拉克洛瓦、泰奥多尔·席里柯、居斯塔夫·库尔贝、欧诺雷·杜米埃和让·弗朗索瓦·米勒

I. 欧根·德拉克洛瓦，克洛琳达救援奥林多和索夫罗尼娅，1856

I. 阿道夫·冯·门采尔，起居室与画家之妹，1847

（7）历史绘画

代表性的画家有威廉·冯·考尔巴赫、卡尔·特奥多尔·冯·皮罗提、弗朗茨·冯·德弗雷格尔和汉斯·马卡特

（8）德国现实主义绘画

代表画家性的有威廉·莱布尔、弗朗茨·冯·伦巴赫和阿道夫·冯·门采尔

（9）德国印象派绘画

代表性的画家有马克思·利伯曼、洛维斯·科林特、
奥古斯特·冯·布兰迪和马克思·斯累伏格特

I. 马克思·利伯曼，
洗澡的男孩们，1898

（10）法国印象派绘画

这一类别的馆藏在世界上可谓首屈一指，包含众多法
国印象派的大师的传世作品。代表性的画家有皮埃尔·
奥古斯特·雷诺阿、爱德华·马奈、克劳德·莫奈、保罗·
塞尚、保罗·高更、埃德加·德加、卡米耶·毕沙罗、
阿尔弗莱德·西斯莱、乔治－皮埃尔·修拉和文森特·
威廉·梵高。

这里尤其需要提及的是梵高的《向日葵》，同样题材
的作品虽然总共有四幅，但藏于新绘画陈列馆的这幅，
由于其背景为绿松石色而非黄色，从而最具特色。

I. 保罗·塞尚，静物和衣柜，1883/1887
II. 文森特·威廉·梵高，向日葵，1888

在场·立场

（11）象征主义和新艺术运动以及 20 世纪初绘画

代表性的画家有乔凡尼·塞冈提尼、古斯塔夫·克林姆、保罗·西涅克、莫里斯·丹尼斯、亨利·德·图卢兹－罗特列克、詹姆斯·恩索尔、费迪南德·霍德勒、爱德华·蒙克、沃尔特·克莱恩、托马斯·奥斯丁·布朗、弗兰兹·冯·斯塔克、皮耶·勃纳尔和埃贡·席勒

I. 爱德华·蒙克，穿红色连衣裙的女人，1902

（12）雕塑作品

展馆的展品中包含了一部分 19 世纪的雕塑作品，代表性的艺术家有巴特尔·托瓦尔森、安东尼奥·卡诺瓦、鲁道夫·夏朵、奥古斯特·罗丹、马克斯·克林格尔、

阿里斯蒂德·马约尔、巴勃罗·毕加索

I. 奥古斯特·罗丹，断鼻子
的男人，1863

慕尼黑现代艺术馆

Pinakothek der Moderne

李霁欣

慕尼黑现代艺术馆（Pinakothek der Moderne），毗邻慕尼黑新老美术馆。他们三者共同创造了慕尼黑的艺术氛围。展区面积达到15000m²，是德国最大的现代美术馆，也是世界最大的现代美术馆之一。艺术馆由德国建筑师斯蒂芬·布劳菲尔斯（Stephan Braunfels）设计，经过7年的设计与建设于2002年9月开放。

整个建筑向人们展现了明快、利落、简洁的现代主义风格，由内而外地表达了建筑师对极少主义的理解。环绕建筑一周，能发现整个建筑是用混凝土和玻璃构成了一个矩形框体结构。入口处，细长的柱子令我们感到惊讶。门前的三根柱子呈不与檐平行的三角形排列，充满了自由漂浮感，平板屋顶也凌空欲飞，仿佛被牵扯住的风筝。细柱、片墙与屋顶，形成极富变化意味廊柱空间，引导人们进入。

进入建筑后最引人注目的是建筑中部的圆形大厅，抬头仰望，顶光倾泻而下，感受到的是古罗马万神庙般的大气、庄严，只不过用现代的方式演绎出来似乎更加的纯净。圆形大厅将四个展区（设计、建筑、平面作品和装置多媒体展品）的建筑空间联系在一起。不同的思想在这里交汇与转换，心情也在通过穹顶投下的阳光下得到放松。楼梯也是围绕圆形大厅设置的，结合一条30°的斜线，划分出了咖啡厅及一座宽二十余米，落差十几米的下沉式阶梯作为步入设计馆的导引。纯白色的墙面，混凝土的楼梯，眼之所及一片清新素雅。挺拔的直线和完整的圆弧之间的穿透碰撞是几何上的和谐优美，空间界面上的丰富有趣。在外围的自然采光辅助以人工照明创造的柔和的光环境中，更会发现这里的空间简洁纯净、利落明快，几乎没有任何多余的东西干扰我们对艺术的欣赏。

在大圆厅内能看到最抢眼的入口就是那座有角度的下沉式阶梯。两个黑色的"鲸鱼鳍"如同要飞过巨型楼梯，又瞬间凝固在空中，犹如一支方向明确的路标。其实这是设计鬼才卢吉·科拉尼（Luigi Colani）标志性的仿生飞行器，跟随它走下楼梯，贯通至屋顶的"设计视野"（Design Vision）巨型展架充斥整个视野。拉开了工业设计展区的序幕。

该展区以传统的陈列方式为主。但值得一提的是，在

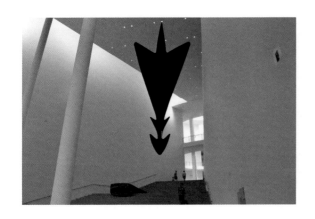

巨型"设计视野"展架背后高墙的另一面，整齐地排满了 1800 个铝制的小奥迪 Ur-quattro 模型，中心是一个真实比例的 Sport quattro concept 模型。设计师将这面"奥迪设计墙"的车型设计为垂直于墙壁本身就是象征着奥迪 quattro 全时四驱技术的强大，他们让新老车型同时出现在这一作品上，则是表达了要将技术延续、进化之意，是一种未来主义模型。展厅还特别展出了从设计草图、手绘效果图、计算机辅助三维建模到真实等大的油泥模型、车厂流水线的纪录片影像，让设计过程的每一个细节都清晰可见，设计背后的真实故事常常比设计本身更有趣。穿过汽车设计的世界，是稍显昏暗的展厅，只见到由点阵排列的 LED 灯装饰的展台。走近发现，展示的是诞生于 20 世纪 80 年代的第一批苹果电脑。除苹果外，还集中摆放了索尼、IBM 等公司的历史里程碑性产品，展现出人类历史在 20 世纪被电子技术、计算机技术及网络技术

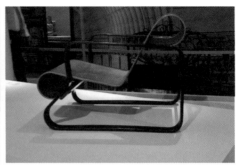

革命彻底改变。之后是家具类展品，一条一条的展台上排列了一个一个精心设计的椅子，我们一眼就认出老师曾讲过的 1857 年由著名家具品牌 Thonet 生产的经典曲木椅 No.8 和 1927 年由包豪斯的学生和重要导师马歇尔·布劳耶（Marcel Lajos Breuer）在现代主义理念和新工艺辅助下设计的钢管椅，芬兰建筑师阿尔瓦·阿尔托设计的曲木椅以及 20 世纪 90 年代欧洲新设计的代表、罗恩·阿诺德（Ron Arad）为家具品牌 Vitra 创作的 Tom Vack 办公椅。同时展出的还有 20 世纪 60 年代迪特·拉姆斯（Dieter Rams）为家电品牌 Braun 创造的新式家电和影响世界的极简设计语言，以及 20 世纪 70 年代作为反设计领袖的意大利孟菲斯集团（Memphis）创作的颠覆性雕塑家具。

除了实物，这部分展区也有些许平面设计的作品。一眼就被这三张画吸引住了。这是 20 世纪 60 年代德国颇具美感的可口可乐广告，隔着雪花，漂亮的女孩拿着可乐摆着姿势，模糊中透露出美感，像可乐一样，冰冰凉的，刺激味觉。现在也不觉的过时。

展区最后以摆满一流的乐器、自行车、运动鞋、手机等设计产品的两层通高的传送齿轮式的展品作结，将机械与艺术完美结合，更像是一件装置艺术品引导人们回到一层继续参观。这些展品让我们体会到创意处处体现在生活中，艺术与人们紧密相连。

一层是部分的平面作品展区和建筑展区。平面作品包括绘画和摄影以及平面设计，比较有意思的是大量关于人体动作和动物行为的研究，一系列的照片很令人震撼，和我们学习的人体工程学应该有很深的联系。建筑展区则是很多历史上德国建筑师的方案草图、正式图纸以及模型的展示。不论方案如何，不得不惊叹他们画图、制作模型的功夫之精细。

二层的装置多媒体展区部分是我们的参观重点，对我们的作品起到了一定的启发作用。最有意思的是吉拉莱特内格创作的一组将实物装置与画面，投影及视频结合起来的装置作品《公寓》。她用墙面上不完整的涂鸦结合微小动作的频频投影最终构成生动活泼的完整作品。情理之中的壁炉透出的光线，将实物椅子投影到墙上，同时在墙上却叠加上了一个躺着的人的投影，偶尔还缓慢而真实的动一下。或是你紧贴一个小角度打开的"门"，看到房间内简单绘制的窗户"外"的光影变化以及画在墙上的摆设。或是从墙里的线条，延伸出来到现实中的桌子，也将人的影像投射到墙上，在空着的尺度范围内活动。光影之中，虚实之间，虽然表达的意义最终我们也并不很清楚，但形式上的趣味性，营造的惬意活泼的公寓氛围给我们留下了深刻的印象。

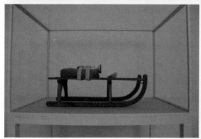

这里还展有德国著名艺术家约瑟夫·博伊斯（Joseph
Beuys）的部分作品。唯一一个大型的作品《20 世纪的
终结》（The End of 20 Century, 1982-1983）。房间的
地上，错落地摆放着刻有圆形标记的不规则条形巨石，
如废墟一般，令人震惊。看到作品名，最先想到相关联
的无疑是 20 世纪前所未见的全球性战争与知识爆炸。
战争也蕴含着共产主义对资本主义的挑战。也许他想表
达的正如马克思的那句名言："一切坚固的东西都烟消
云散了"。而其他实物装置：电话机、黏土、瓦罐、铁
板等看起来也像是战场上用过的实物，规规矩矩地摆在

玻璃盒子里，散发着冰冷的气息。博伊斯的毛毡象征救赎，而手电筒象征光，作品《群》向我们重新提及了1967年的德国学生运动。挂在墙上的博伊斯著名的《毛毡西装》，如同一副躯壳，引导人们思考生命、思考艺术、思考救赎。博伊斯的作品我们一路都在看，他本身已经形成一种艺术符号。他所表达的意义更多可能来源于他的故事，他的意象习惯所指以及他本身。

不在标准的展厅而是廊道里同样展出了一些雕塑作品，在落地玻璃窗的自然光下，作品更显灵性，也为休息空间创造了更多的乐趣。

我们在这里待了整个下午，在有趣的椅子上休息，在圆形大厅周围环绕，感受着简洁明快、惬意丰富的建筑空间；也驻足观看了很多喜欢的影像作品，在装置作品面前疑惑踟步，在喜欢的作品旁拍拍拍，享受着艺术的滋润。艺术的建筑作为艺术的容器给了我们一个美好的午后时光，曾经都是留于书本上的东西我们终于也眼见为实了。对于装置艺术的理解可能是在了解背后故事的多义性共鸣，也可能是不了解的猜想或纯粹只是形式上的好玩。在这个艺术馆里我们几乎都体会到了。参观过程中我们发现艺术馆里有很多老人，还有家长带着儿童一同参观，他们很耐心而闲适地在这里享受艺术，让我们感受到德国的确是一个重视艺术的国度，有一个充满艺术创意的社会氛围。也正是因为德国人将艺术与生活相互交融，才诞生了这么多贴近生活且创意十足的作品吧。

斯图加特新国立美术馆

Stautesgalerie of Stuttgart

曾鹏飞

作为整个旅程中少数受安迪·沃霍尔青睐的作品，斯图加特新国立美术馆本身就是一种艺术。

战后，抱着用艺术再度激活斯图加特城市活力的初衷，政府在1977年展开了新国立美术馆的国际竞标活动。英国建筑师詹姆斯·斯特林（James Striling）凭借其后现代主义的矛盾与丰富，一举夺得评判委员会的青睐。

与众不同的是，斯特林试图在设计中打破传统美术馆一贯强调的纪念性，消解常用的轴线、对称和大体量。他认为，美术馆是一个供大众享受精神娱乐的场所，艺术并非总是严肃而高高在上的，还有其商业化的一面，人们应该带着轻松愉悦的心情赏玩其中，而非一丝不苟的缅怀和纪念。

这种理念使得整个建筑中的元素充满了矛盾与丰富。和老美术馆和谐呼应的立面材质，与硕大而鲜艳的扶手等构件激碰在一起；颇有柯布西耶粗野主义风格的排水口，搭配了精致明艳的曲面大玻璃幕墙；高度中心化的圆形前台空间，又被涂上饱和度极高的戏谑的绿色。后现代主义的这种矛盾与丰富让斯特林一度走上风口浪尖，赞

城市公共走廊和半下
沉庭院的空间关系

美和负面评价交织。

而空间上，一段环绕室外庭院迤逦而下的公共走廊，
让建筑和城市更深入地咬合，完整地弥合了斯图加特
战后的环境。漫步其中，恍惚之间似乎已是置身于美
术馆恬静优雅的环境，而事实上，在半下沉的庭院中
歇息的人们才是真正的买了票的看客。也借着这条公
共走廊，斯图加特新国立美术馆从各个角度，以艺术
的名义让行色匆匆的人们慢下来脚步，为他们提供了
一方净土。

建筑不过是件外衣，美术馆的精髓还得看藏品。老美
术馆对 14～20 世纪的欧洲绘画收藏之丰富令人叹为
观止，而新美术馆则在 20 世纪等现当代艺术作品的展

出中颇有建树。从形式上，它涵盖了各种形式的绘画、摄影、雕塑作品和一些珍贵的档案资料；就流派而言，从立体主义到印象派再到包豪斯风格，都囊括在永久典藏之中；论起镇馆的大师，约瑟夫·博伊斯、毕加索、达利、马蒂斯、康定斯基等等也是一个不缺。

除去二楼浩如烟海的经典馆藏，新美术馆的一层常年为流动展览腾出了地方。

团队考察时，我们正赶上"艺术家空间"展出。在斯特林大厅特别定制的一系列隔间和它们毗邻的两个展出空间中，陈列着十三个当代艺术家的心血。这些作品多为国立美术馆所有，但已经被封存很长时间——甚至有些从来就不为人所知。策展人希望能诱导观众以一种全新的视角去解读这些艺术品，并邀请民众们参与到整个展览中来，重新讨论未来的艺术博物馆所应扮演的角色和承担的职能。

展出的作品种类不一，年代不同，包容范围较广。从乔治·巴塞利兹（Georg Baselitz）1968年的早期绘画《破碎的绿色》，到美术馆2013年新近购入的卡塔琳娜·格罗塞（Katharina Grosse）的作品，跨越了近半个世纪的时间。借着本次丰富的展出内容，美术馆希望向人们展示活跃在现当代的艺术家们的艺术实践的方方面面，向人们展示大量可以用来表达主题的不同媒介和手段。

本次展览对作品主题的限定较小，有抨击女性形象的，有追问生存意义的，也有聚焦社会热点问题的。而作品多样的色彩也是展览的追求之一，就像我们对光和空间的直觉感受是自由的，人们能在这些五光十色的艺术品中游移来去，而各自选择看到什么，一千个人眼中有一千个哈姆雷特。

策展人坚信，在这些现当代的艺术实践面前，人们传统的标准将受到挑战，审美一词逐渐能被重新定义和讨论，而愿意参与到其中的人，必然受益匪浅。为此，各个展厅都提供了足够的空间，让观展人能以不同的角度，敏锐地带动自己的视觉、听觉、嗅觉去感受作品的力量。

斯图加特是考察团队的第一站，而其中的新国立美术馆可谓卷帙浩繁，件件新奇的艺术作品令人目不暇接。曾几何时，理解和再诠释这些现当代的艺术家们一度是我们心心念念的功课，这功课伤心费脑，让我们疲惫不堪。而其实"艺术家空间"的策展理念在一开始就已经给了我们提示——与其挖空心思钻研作品所谓的意义，不如用自己的眼耳口鼻舌身意去感受。

展览中，像尼奥·劳赫（Neo Rauch）的绘画创作者大有人在。他们试图通过自己的方式给写实主义绘画以强势一击。下图即为劳赫 2008 年创作的代表作《秩序守护者》——几个人聚集在令人费解的空间里，而这用不透明的材料绘制的空间中遍布叫人惊讶的色彩。即使每个个体的要素都被画家写实地进行了描述，但整幅画面的叙事性被打破和解构了。倘若非要弄明白这故事的内容，看客们无疑要费尽心思还不一定能正中艺术家的下怀。或许驻足画前，在短暂的时间内体会紫色和柠檬黄的碰撞带来的刺激，感受整个画面传递的饱满的情绪，也不失为一种讨巧的方法。

绘画确实不算新鲜，而一些其他作品着实让考察队成员们丈二和尚摸不着头脑。丹·弗莱文（Dan Flavin）的《无题》静默地照亮着昏暗的过厅的一个角落，稍不注意，

尼奥·劳赫，《秩序守护者》，2008，斯图加特新国立美术馆

丹·弗莱文，《无题》，
1964-1974，斯图加特新
国立美术馆

还叫人以为那是布展用的灯具。除了略带血红的光晕，
什么也没有，即使要从题目去探查艺术家的心思也绝
没有半分可能了——无题。"艺术是什么"，站在这
个作品面前我们可能想要一遍遍地发问，然而事实是，
倘若我们能厘清这问题，艺术也丧失了它的意义，就
如我们需要一生去活以看透活着的意义。对人们传统
的审美标准的挑战——策展人的意图倒也真的达成了。

雕塑装置自然也是常见的一个种类。卡塔琳娜的作品
乍眼之下还以为是微缩版的比萨斜塔。实际上却是密
密麻麻的不断重复的金黄色圣母玛利亚在一层层地堆
积，超现实的手法模糊了体量，叫人不安和怀疑。在
这毫无特点的复制和大面积纯色的使用中，观者内心
一阵不畅。当代表虔诚信仰的圣母在不断的无特点的
复制后，她是否还温柔慈爱，也就见仁见智了。

卡塔琳娜·弗里奇,《黄色圣母玛利亚的陈列卡琳·桑德尔将新国立美术馆圆形中庭台》1987–1989,斯图加特新国立美术馆

有时艺术难懂固然是一方面,但以欣赏的角度轻松面对倒也觉得有趣。布鲁斯·诺曼(Bruce Nauman)的作品《握手》在漆黑的展厅中不断变换颜色,粉、绿、红、蓝等11种颜色交织变化,单是视觉效果就俏皮有趣。艺术家在展馆中通过语言游戏、全系图像、颠倒的字母等似乎荒诞不经的手法在探索人和人之间交流的状态——一个似乎已经被大家相互接受的表达,可能转眼就成了公开的挑衅。

玩过绘画、光影和声音,这群敏锐的艺术家当然不会放过空间这个元素。卡琳·桑德尔将新国立美术馆圆形中庭台走廊的墙壁进行镜面抛光,整个空间也就随之调动起来——在不同的角度,这光滑的弧面将反射淡淡的不同的空间影像。桑德尔管这叫"简约之美"。但坦白地说,大家都没看见这个艺术品。

诸如此类的艺术创作此处难以一一列举。对初来乍到的我们而言，这是一场现当代艺术的饕餮盛宴，也是一场对观念的全面空袭，并且刚刚开始。在长达近一个月的旅程中，考察团队计划参观的美术馆、展览馆和博物馆多如牛毛，而获得安迪·沃霍尔亲笔黄香蕉的则实在屈指可数。斯图加特国立新美术馆不论是建筑本身的造诣，还是在艺术文化圈的影响力，都担得起这沉甸甸的赞誉。

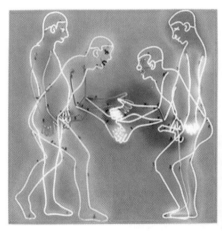

1– 布鲁斯·诺曼，《握手》，1985，斯图加特新国立美术馆

2– 卡琳·桑德尔，《墙上的作品》，1995，斯图加特新国立美术馆

3– 斯图加特新国立美术馆外的"黄香蕉"

威尼斯双年展

La Biennale di Venezia

贺艺雯

威尼斯双年展（La Biennale di Venezia）是一个拥有上百年历史的艺术节，是欧洲最重要的艺术活动之一。并与德国卡塞尔文献展（Kassel Documenta）、巴西圣保罗双年展（The Bienal Internacional de Sao Paulo）并称为世界三大艺术展，并且其资历在三大展览中排行第一。被人喻为艺术界的嘉年华盛会。

第一阶段（1895—1914）：初步发展时期

威尼斯双年展起源于 1887 年的一场绘画雕塑大展。由
于经济和文化的原因，当意大利其他城市还将视线局
限于地方工艺品时，威尼斯便在地方开明金融家的赞
助下举办了全国性的绘画雕塑大展。这次展览展出了
全国 1000 多件优秀的雕塑作品，吸引了大批的观众，
展览空前成功。值得一提的是，这次展览的全部盈利
都捐赠给了当地慈善机构，展览因此而能长期举办下
去，为后来的威尼斯双年展奠定了基础。

当时威尼斯的市长塞瓦提可看到展览如此成功便萌生
了"威尼斯双年展"这一构想。圣马可广场的咖啡馆里，
在市长和当地文人们激烈地讨论中，就诞生了这一延
续至今的艺术嘉年华盛会。

1894 年 4 月 30 日，首届威尼斯双年展开幕，市长塞瓦
提可担任第一届总裁，安东尼·弗拉德里任策展委员
会的执行督导。首届威尼斯双年展的官方文件宣称：
威尼斯双年展作为"威尼斯市的国际艺术展览"，代
表"无国家区分的现代精神的最高尚的活动"，同时
也是"对我们（意大利）艺术家的教育"。这里的"现
代精神"主要指 19 世纪末欧洲艺术从传统向现代演变
时期的探索精神。曾经领先欧洲的意大利艺术当时已
落后于法国艺术，因此威尼斯双年展强调打破国界的

国际艺术交流，鼓励对新的艺术可能性的探索精神，提倡向其他国家特别是法国的先进艺术学习。

第一届双年展便取得了巨大的成功。官方数据显示，共有 224327 位参观者前往参观，在 516 件参展作品中有 186 件被卖了出去，总销售额达 360000 里拉。在众多参加的艺术家里，弗兰西斯科·保罗·米盖提（Francesco Paolo Michetti）的《朱利奥的女儿》获首届双年展大奖。乔万尼·塞加蒂尼（Giovanni Segantini）的《回家》获内阁奖。贾科莫·格罗索（Giocomo Grosso）的油画《最高会议》因题材过于前卫被威尼斯最高教长严加斥责，幸有弗拉德里的声明，该画才得以展出。观众们非常喜欢这幅画，最后这个作品在公众投票中夺得头奖。

与如今不同，20 世纪初期威尼斯还是个相当封闭的城市，当时欧洲的野兽派、立体派等现代艺术对这里没有造成一点影响。那时的双年展虽然已规模巨大，却没有一个前卫艺术家的作品出现。在这样的情形下，佩莎罗现代国际画廊应运而生。由于年轻艺术家的创作受到了欧洲新潮艺术的影响，因而显得很有活力，以至于对威尼斯双年展形成一定的压力。冲突的激烈程度使得弗拉德里做出决定：让每个国家自己出资修建他们的国家馆。保留自己的国家馆，并负责维护和展览本国的艺术作品。

从第一次双年展后十几年的时间，威尼斯双年展一直与佩莎罗现代国际画廊对抗，也促使自己完成了从传统艺术走向现代艺术的转型。

第二阶段 (1920—1942)：现代艺术与法西斯时期

威尼斯双年展的第二阶段有两种倾向：一种倾向是世界主义，积极引进欧洲的现代艺术。另一种倾向是民族主义，努力复兴意大利（主要是古罗马）的艺术传统。这两种倾向互相对立又彼此交叉，情况错综复杂。在意大利法西斯统治时期，复古的民族主义往往沦为法西斯统治的工具，而意大利本土的现代艺术流派也与民族主义合流。

随着第二次世界大战的进程和意大利法西斯政权的崩溃，威尼斯双年展暂停举办，结束了第二阶段。

在这一阶段共举办了 12 届双年展。展馆建设继续进行。因为城堡花园的主展厅意大利馆专用于国际艺术展，1932 年又新建了一座专用于意大利艺术展的威尼斯馆。西班牙馆 (1922)、捷克斯洛伐克馆 (1926)、美国馆 (1930)、丹麦馆 (1932)、奥地利馆 (1934)、罗马尼亚馆 (1939)、南斯拉夫馆 (1939) 等 7 座外国的国家馆相继落成。尽管意大利法西斯控制的双年展倡导民族主义，排斥外来文化，但各个国家馆仍旧我行我素，介绍本国的现代艺术。从 1932 到 1938 年，法国馆先后展出了犹太裔法国雕塑家扎德金和莫奈、马奈、德加、雷诺阿等印象派画家的作品。最有趣的是1942年双年展，英国馆、美国馆、法国馆变成了陆、海、空三军的战争展厅，展出了大量新闻图片和战争速写。

第三阶段（1948至今）：多元文化时期

到1948年各国逐渐恢复平静。1949年的双年展是战后最重要的一次展览。在这次双年展上最重要的事件之一便是佩吉·古根海姆来到了威尼斯。她是20世纪最伟大的当代艺术收藏家之一，她带来了所收藏的20世纪杰出的艺术作品，并得以在希腊馆展出。随着威尼斯电影节、音乐节和戏剧节的开办，威尼斯双年展也增色不少。1955年北京的国家剧院出席威尼斯献演，打破了意中两国战后互不往来的僵局。

1964年美国波普艺术现身威尼斯双年展。这一新鲜元素的介入引起了巨大的讨论。意大利许多艺术家、政治家认为，波普艺术的出现代表了美国对欧洲的文化殖民。此时，威尼斯双年展正经历着落后体制与新社会文化之间的冲突。1968年第34届威尼斯双年展，在中央层举办了大型专题展"探索的路线"，重新确定了从培根到沃霍尔等一系列新前卫艺术名家的地位。1972年第36届威尼斯双年展，举行了规模盛大的"1900年至1945年的20世纪艺术回顾展"，系统回顾了从印象派到超现实主义等现代艺术流派的历史演变，等于是对历史前卫主义的一次总结。

1973 年改革以后，历届双年展的策划思想都带有后现代艺术或多元文化的倾向。从1976年的主题"环境艺术"到 1986 年的"艺术与科学"，再到 2003 年的"梦想与冲突——观看者独裁"，可以看出双年展的话题已经跳出艺术本身，更直接地指向当代生活面临的环境、科技、政治等诸多问题。

第 56 届威尼斯双年展

2015 年第 56 届威尼斯双年展由奥奎·恩维佐担任策展人，主题为"全世界的未来"。展览从 2015 年 5 月 9 日持续到 11 月 22 日，分为主展区（包括主题馆、国家馆）和军械库展区。恩维佐说："此次威尼斯双年展将不会选择某一事物作为双年展主题，而是选择由各种不同参数的三片滤光板组成的滤光器，用来象征人类想象以及现实生活中涉及的各种活动。"

从工业社会到后工业社会，科技的超越、环境的灾变、人类的苦难……我们的时代充满了焦虑不安的气息，而 2014 年威尼斯双年展"All the World's Futures"（全世界的未来）主题的确认正巧为艺术家们提供了一个反思现状、寻求突破的契机。

RAQS 媒体小组展示了九座雕像，这些雕像都被切掉了一部分。它们没有被放在房间里，而是在广场的林荫大道上展示，这种展示方式使得作品更加宏伟。

一个演员坐在石膏浇筑而成的野生动物的骨骼中，大声阅读马克吐温的作品《利奥波德王的独白》，以此向刚果的理想主义思想家保罗·潘达·法南那（Paul Panda Farnana）致敬。

RAQS 媒体小组，
《加冕公园》，
2015

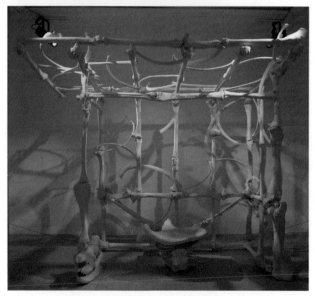

刚果馆：伊丽莎白·贝纳亚，M'FUMU,2015

西班牙馆：弗兰塞斯·鲁伊斯，主题，2015

日本馆：Chiharu
Shiota，手中之
匙，2015

这个报亭中塞满了成人漫画。艺术家借此以一种讽刺的语调探讨漫画文化在现代媒体的作用下对世界的影响。

用红线和钥匙连接起生命与时间，与木船拉接成多个拱形空间布满整个场馆。简单明了地表达了日本对于人生与记忆，现在与未来的思考。

通过一系列的照片和影像，说明我们的历史在沿着自己的轨迹运行，文字本身就为玻利瓦尔革命所带来的社会变革提供燃料和支撑。

委内瑞拉馆：阿尔吉莉娅·布拉沃，我教会你语言，2012

俄罗斯馆：伊琳娜·诺科娃，绿色营地，2015

塑造了一种强烈的氛围，让你能立刻真切地感受到密闭而神秘的人造空间。

今年有 136 位艺术家代表 88 个国家参加此次双年展，其中 88 位来自 53 个不同国家的艺术家是第一次在威尼斯展出他们的作品。这些作品中，有 159 件是专门为此次双年展而创作并且此前从未展出过的。

总结

自 1895 年首次创展以来，威尼斯双年展汇聚并见证了政治、经济、艺术、文化等领域的激烈变革，并试图以自己独特的视角和方式回应时代的问题。毕加索说："艺术是一个谎言，但却是一个说真话的谎言。"威尼斯双年展已不仅仅是一个艺术嘉年华，而是一场全球性的议会，深入探讨当代的全球现实，并不断进行自身的调整、校准、重新制定、增加动力，再次塑形。

约瑟夫·博伊斯

Joseph Beuys

樊怡君

在德国艺术之旅的整个行程中，约瑟夫·博伊斯的名字一直伴随着我们。从慕尼黑现代艺术陈列馆到卡塞尔街头，从雕塑作品到影视音像，从独自创作到全民感召……这位第二次世界大战之后的后现代艺术大师将他丰富而深刻的作品散落在德国的每一处土地，感化着每一张与之邂逅的面孔。

作为德国战后艺术发展史上的重要启蒙人物，博伊斯一生的传奇经历是他早期进行创作的重要灵感来源。他曾是纳粹优秀的战士，多次负伤，然而最终却非但没有成为民族的英雄，反而在战败后造成了国家的毁灭，并由此带来严重的精神与肉体的双重重创。但这里却恰好成为了他艺术思考与创作的起点，许多评论家曾评论博伊斯的艺术是："德国战后对历史进行全面反省的一种特殊的形式，是一种对战争亡灵的超度和对活着的人心灵伤痛的治疗，进而发展到对未来的憧憬"[1]。然而，这样的反省与憧憬却恰恰鼓舞和治愈了那个时代所有的德国民众。因此，时势造英雄，从根本上说，正是"战败后的德国大环境造就了博伊斯的艺术成就"[1]，甚至将他推上之后更高的思想舞台。

①《现代艺术的巨人：约瑟夫·博伊斯》——成肖玉——《中国美术馆 – 域外管窥》

博伊斯最善于运用的艺术形式便是雕塑，而脂肪与毛毡可以说是博伊斯所有的艺术作品中不可或缺的元素。事实上这与他死里逃生的战争经历有着密不可分的关系：1943 年，博伊斯作为纳粹空军的飞行员驾驶 Ju-87 飞机在与苏联的作战中被击落，当时他同机的战友当场毙命，而身受重伤困于雪地的博伊斯幸运地被

当地鞑靼人用"萨满"仪式所救。此后，鞑靼人作为治疗与巫术象征物的脂肪与毛毡，成为了博伊斯后来创作中深深迷恋的材料。

在此次德国之旅中，我们所见到的基本上都是博伊斯后期的作品，从中我们可以体会到艺术家对于社会环境的新的认知与革新理念。而在这些作品中，仍可以看出他对脂肪与毛毡的钟爱，这样的作品主要有两件："牛脂"与"毛毡西装"，此处仅以一例详述。

"牛脂"这部作品最初展于1977年明斯特以城市为主题的露天雕塑展上，然而博伊斯在这次展览中却并没有选择任何室外的场地布展。在当时快速发展的工业社会，博伊斯认为：城市不应任由装饰愚弄。而与之相应的，在通往学校大礼堂的混凝土地下通道中，他发现了讽刺现代建筑的绝佳之处——在入口斜坡处藏污纳垢的死角。

在那里，他竖起了多块与浇筑混凝土同样的浇筑方法所塑造的动物脂肪块。物质在这里得到了第一次转化：虚无而消极的污垢空间转而用实在而具体的雕塑体量表达了出来。这一切像是一种放大：用20吨重的脂肪混合物向人们清楚地展现出一种衰败与腐烂。如此大量的脂肪在明斯特市之外的一家现代混凝土工厂里夜以继日的熔化，塑形……当一桶又一桶炽热的液态脂

肪被倒进 5m 多高的钢筋胶合板模板中时，由巨梁支
撑的模板迎击着那些熔化的液体巨大的压力，被逐步
地充满……一切的狂热，杂乱与无序都在这规则的几
何形中被抑制、冷却、束缚。至此，对现代建筑的质
疑与挑战同这样一个考验物理学家的问题相联系了起
来：科学的理念总是促使人们寻找并给出一个答案，
冷却如此巨大的一块熔化的脂肪究竟需要多少时间，
而之前学过的估算方法与计算机的计算结果给出了从
3 天至 3 个月不等的答案。最终，人们将一只温度计
置入这块脂肪中。发现一个月之后，块体中心的脂肪
还是液态，而直到三个月之后，这块脂肪才完全凝固。

对于脂肪的保温能力，实验结果完全令人咋舌。对此，博伊斯曾亲自评价："这是世上唯一一尊不会冷却的雕塑，同时也是冷却之后不会再度升温的雕塑。"所谓的科学知识、机械操作永远无法预判与计算出所有的答案，现代城市坚硬的外表所束缚与抹杀的，正是它内部曾经翻滚着的、炽热的创造力，在它真正完全凝固之后，便再难成为可逆。

作品最终蕴藏着更深刻的社会意义：即现世中将艺术的通行证滥用于太多说教，在毫无灵魂可言的冰冷的城市环境中，这一虚有的表意本体被再次转化，通过鲜活的动物热量储存器——脂肪得以塑造。艺术家的思想以及对社会的批判都在整个作品的完成过程中表达了出来，作者对于国家未来所寄予的希冀，对于社会文明所应走向的方向，都进行了深切的思考。而这种思考与理想，也同样地体现在其他一些作品中。脱离开脂肪、毛毡、战争、死亡，博伊斯的终极目标在于将整个城市，自然与人们统一于艺术的创作与革新当中。

行走于卡塞尔的街头，处处可以接触到博伊斯的气息，这里是他艺术创作与发展的地方，而也恰是在这里，他提出的"社会雕塑"和"人人都是艺术家"的理念，并在卡塞尔第七届文献展时留下了他永垂不朽的著作：给卡塞尔的 7000 棵橡树。

博伊斯在弗里德里卡农美术馆前立下了 7000 个石碑，并象征性地种下了第一棵橡树。自此，他的作品开始了长达五年的创作历程。直至 1987 年博伊斯的妻子和儿子在当年第一棵橡树边上栽下了最后一棵，这象征着日耳曼民族灵魂与精神的 7000 棵橡树成为了博伊斯送给这个城市，这个国家的最后一件艺术品，这是全社会各行各界都行动参与的整个城市的艺术品。作品已不再仅是艺术家自身的独有物，它使得所有参与，与见证了这段历史的人们都成为了作品的一部分。跨越了时间，空间，种族，行业……正是这卡塞尔随处可寻的 7000 棵橡树，将这整个地域中的一切都维系在了一起，随着时间的流逝，树木的生长，生命得以延续，而艺术也在这时间的长河里获得了永生。不得不说：整个卡塞尔，都是博伊斯的作品。

站在博伊斯的橡树前，看着那久经风雨似带沧桑的花岗石石碑，一切显得那么平常，那么平静。与之前博伊斯所有的作品都不相同，在随风摇曳的橡树面前，我们感受不到他那惯有的、直击人心的强烈意念，那震人心魄的形态、声音与氛围。在这里，他已不再那么急切地想要去诉说，反而张开双臂，将每一个观展者都揽入怀中，去静静地体验。他摒弃了那些抽象而晦涩的语言，将艺术作品做到了最大限度地向公众开放，并使得每个到达这里的人都自然而然地再度陷入思考：思考着个人与自然、与社会、与城市之间的关系。

在作品的计划与构思设计的过程中，城市飞速发展与自然环境遭受破坏是博伊斯所思考的问题。相比于艺术作品，这 7000 棵橡树似乎更像是一项社会活动，将艺术植入到了日常生活当中。此时所有的观众已不再是观众，转而成为了艺术创作的同盟者。法国艺评家让·路易·普拉岱尔（JeanIouls Pradel）在其《西方视觉艺术史·当代艺术》中写道："博伊斯的最伟大作品，就是仅仅靠着他自己的个人魅力，植起了一个人能够想象出的伟大森林"①。他认为艺术才是最平凡的互动，认为生活本身就是一种创作。他试图消解艺术家与普通人的区别，将艺术作为一种真正的可以改变生活，改变社会的工具。事实上，从一定程度上讲他已获得了成功，在这 7000 棵橡树的艺术活动宣告结束之后，在接下来的几十年间，仍不断有人接着他的步伐继续走下去。"来自斯图加特的风景建筑师约翰尼斯·施泰恩收集了这些橡树的果实，放在花盆里，待其长大后继续用来种植城市树木。"而与此同时世界各地也有各大基金会等多方合作，为种植树木再添新员。

无论是这四两拨千斤的高明手法，还是博伊斯对于社会和事物间关系的远大视野，他所呈现给我们的一切，都是他在这世上所曾发出的最有力的声音。雕塑、重复、隐喻、开放……从依靠其充满力量的形式语言与深刻的思想价值激发人们的崇敬膜拜，到将艺术日常化，将日常可视化，博伊斯的作品逐步地从独白转为了对

① 《构建共存互动的精神场域》——黄凌予

话。这是博伊斯的成长，也是其艺术的升华。在见识艺术、品味艺术、学习艺术的旅途中，我们也在尝试着聆听这些大师的声音。我们努力地将自己从普通人塑造为艺术家，之后又将从艺术的角度出发去融入生活。在剥离与融合之中，循着大师的背影，我们期待着下一次革新。

参考文献：
《现代艺术的巨人：约瑟夫·博伊斯》——成肖玉——《中国美术馆 – 域外管窥》
《构建共存互动的精神场域》——黄凌予
《德国现代美术史》——李黎阳——人民美术出版社

图书在版编目（CIP）数据

在场与立场：德国装置艺术巡回工作坊 / 于幸泽,俞泳 著. —北京：中国建筑工业出版社，2017.8
ISBN 978-7-112-20956-9

Ⅰ.①在… Ⅱ.①于… ②俞… Ⅲ.①室内装饰设计 Ⅳ.①TU238.2

中国版本图书馆CIP数据核字(2017)第162457号

责任编辑：滕云飞　徐　纺
责任校对：王宇枢　张　颖

在场与立场：德国装置艺术巡回工作坊

于幸泽 俞泳 著

*

中国建筑工业出版社出版、发行（北京海淀三里河路9号）

各地新华书店、建筑书店经销

右序设计 制版

北京缤索印刷有限公司印刷

*

开本：787×1092毫米　1/16　印张：13　字数：200千字

2017年11月第一版　2017年11月第一次印刷

定价：98.00元

ISBN 978-7-112-20956-9

（30598）